U0059843

大都會文化
METROPOLITAN CULTURE

大都會文化
METROPOLITAN CULTURE

大都會文化
METROPOLITAN CULTURE

大都會文化
METROPOLITAN CULTURE

股王的下一個百年

從中國名酒看茅台集團的經營之道

汪中求 教授 著

第一章

01 酒業焦慮

中國白酒有兩種：一種是茅台酒，一種是其他酒。當然，這種說法，對其他同行太不尊敬了。但這類幽默確實道出了茅台酒的地位。

在中國，茅台酒在白酒界的「一哥」地位無法撼動，其他大大小小的酒商恐怕在相當長的時間內對此只有徒呼奈何。國際上，茅台酒同樣卓爾不群。紐約華爾道夫酒店的酒水單上，茅台酒赫然在列；杜拜帆船酒店，茅台酒按杯計量售賣……

之所以茅台酒有著如此高端的地位，除了其醇香的品質、傳奇的歷史、深厚的底蘊、神秘的文化，就是受產地條件限制而難以擴張的產量。新中國建立初期，以舊式燒坊為基礎成立的茅台酒廠，每年的產量只有區區的六十噸。二十世紀八〇年代以前，茅台酒每年的產量也長期在一千噸以內徘徊。茅台酒受地域限制的低產量特徵，決定了茅台酒不可能像其他快銷產品那樣鋪天蓋地。如果說，類似麥當勞、肯德基這樣的快銷產品代表的是一種世俗文化，那麼茅台酒代表的就是一種高雅文化，典雅、神秘、稀缺。以至於茅台酒的酒瓶、酒盒外觀設計，十幾年來，一張面孔，無須變更，不存在升級。不輕易「變臉」，意在保持其經典典範。

以往絕大多數時候，茅台酒只在以下場面出現：一是品飲鑒賞和收藏。茅台酒因醬香突出、優雅細膩、酒體醇厚、回味悠長、空杯留香等獨特風格和品質，深受白酒愛好者追捧，而被當作上好的鑒賞品和收藏品。二是高端公務消費。1949 年的中國開國大典，茅台酒是宴會主角；1950 年中國第一個國慶日，時任政務院總理的周恩來指定茅台酒作為國宴用酒。自此之後，茅台酒就一直在各種高端公務場合、重要會議、大型政經活動中不可或缺。三是對外交往。1954 年在瑞士日內瓦國際多邊會議期間，周恩來用茅台酒宴請各國代表團。自那之後一直到今天，在有中國參與的外交場合，或在到訪中國的各國國家元首的迎送宴會上，也多用茅台酒款待來自五湖四海的貴賓，茅台酒成為中國對外交往和公共關係活動中傳送友誼的載體。如此一來，出現在一般宴席或尋常百姓餐桌上的茅台酒就極為罕見，偶有所見，即視為珍品。時至今日，即使在改革開放中成長起來的一億多中產階層那裡，茅台酒也是一種奢侈品。在普羅大眾的心目中，茅台酒則更近乎一種「聖品」，可望而不可求。不是因為價格，而是因為稀少。

物以稀為貴，曲高必和寡。茅台酒之外，其他高端白酒其實也都有著類似的情形。其明顯的優勢在於，商品的銷售在很多時候不是主要問題，甚至根本就不是一個問題。其劣勢同樣顯而易見：一旦出現政策性變化，公務消費受到抑制，過於依賴公務消費的弊端則顯露無遺，對日漸開放的市場競爭難以適應。

2012 年年底，中國政府發布關於改進工作作風、密切聯繫群眾的「八項規定」，公務消費受到抑制，高檔餐飲和名酒消費市場遇冷。根據中國國家統計局的公開資料，「八項規定」公布後的 2013

年一月至二月，社會消費品零售總額比2012年同期減少了670億元，其中80%以上來自高檔餐飲和名酒名煙消費。過於依賴公務消費的中高檔白酒市場需求急速萎縮，銷售資料慘不忍睹。

「八項規定」公布前大約十年的時間，被稱為白酒行業的「黃金十年」。大大小小的酒商在這十年間非常活躍，以生產中高端白酒為主的酒商，在公務消費的推動下，更是賺得盆豐缽滿。「黃金十年」中，白酒在高毛利下一路高歌猛進，以茅台、五糧液為首的一線白酒企業的淨利潤進入「百億元俱樂部」，洋河、瀘州老窖、酒鬼、沱牌捨得、老白乾等酒商，也在高端酒的支撐下實現了大躍進式的增長。

然而，從2013年起，釀酒行業的好日子似乎到頭了，雖然全年白酒產量達到122.62億升，同比增長6.33%，產銷資料看上去較為樂觀，但與前些年的飛速增長相比，超高速增長的勢頭得到抑制，行業整體進入調整期。2013年中國白酒製造行業總資產4,759.07億元，同比增長21.40%；行業銷售收入為5,018.01億元，較2012年同期增長12.35%，但增幅較2012年下降7.26%，同期行業管理費用、銷售費用相應下滑，僅財務費用呈現較大幅度增長；行業利潤總額為804.87億元，同比下降1.67%。一線酒商高端產品價格回落，服務下沉，給二線、三線酒商的產品銷售及生存帶來壓力。整個白酒行業的競爭進入白熱化，高端白酒市場從賣方市場轉為買方市場。根據中國國家統計局資料，截至2013年年底，中國白酒製造行業規模以上企業數量達1,423家，其中86家企業出現虧損，行業虧損率為6.04%。

在資本市場，白酒板塊也失去了以往的萬千寵愛，機構投資者對白酒板塊「敬而遠之」。2013 年第三季度，白酒企業的增幅出現較大分化，除貴州茅台、青青稞酒和伊力特三家企業的淨利潤實現同比增長外，其餘十一家企業的淨利潤出現下滑。十四家上市酒商 2013 年第三季度實現營業總收入 784.3 億元，同比下降 10.61%；實現歸屬於上市公司股東的淨利潤 279.58 億元，同比下降 48.92%。其中，酒鬼、沱牌捨得和水井坊的降幅最大，淨利潤同比下降 95.56%、97.06%和 89.10%，簡直可以用災難來形容。機構的離場讓白酒板塊市值蒸發嚴重，十四家白酒上市公司的總市值從年初的 5,872.8 億元一路狂跌到年底的 3,382.45 億元，在不到一年的時間內，市值蒸發 2,490.35 億元，占比逾四成之多。

國內高端白酒巨頭五糧液的價格在 2013 年被腰斬，水井坊、沱牌捨得、酒鬼、瀘州老窖 1,573 等高端產品銷售遇阻，部分產品甚至滯銷……作為白酒行業風向標的糖酒會也異常蕭條，2013 年秋季糖酒會成為史上最冷清的糖酒會，參會人員大幅減少，參會經銷商與往年相比下降了一半，與春季糖酒會相比則不足三分之一。

伴隨著白酒業的大衰退，茅台酒也陷入了短暫的危機，銷售低谷出現，市場價格下落。先前保持高庫存的經銷商在悲觀之下，對政策的評估過於消極，開始大量拋貨。53 度飛天茅台（市場上習慣稱之為「普茅」）從 2012 年年底 2,300 元／瓶的高價一路下跌至 900 元／瓶左右。中間雖然出現過短暫的價格反彈，但在中秋國慶期間，原本的銷售旺季出現旺季不旺，市場上的僥幸心理終於消失，價格再度下跌，在 850 元／瓶的低位徘徊長達兩年之久。當被捧起來的價格體系，開始溜滑梯之時，那些以高端酒支撐起來的酒類企業業績必然遭到重創，因虛假的市場繁榮而迷失了方向的白酒業陷入一片恐慌。為了突破困境，很多酒商開始轉型做「腰部產品」（價格處於中間檔次的白酒）的開發及推廣。然而，過度的焦慮之下，部分酒商不免方寸大亂。

在 2013 年的武漢秋季糖酒會上，不少酒商推出中低價位產品來應對行業變局。瀘州老窖推出定價在十幾元到幾十元之間的新品「瀘小二」；沱牌舍得推出價格在 100 ～ 300 元之間的曲酒系列產品；五糧液也加大了腰部產品戰略，推出五糧特曲精品、五糧特曲、五糧頭曲三款產品，其中五糧特曲精品價格在 400 ～ 500 元，五糧特曲為 300 ～ 400 元，五糧頭曲為 200 ～ 300 元；茅台雖然沒有推新品，但也對旗下產品醬酒、仁酒降價，價位定在 399 元和 299 元，在原來價位上降了一半。高端白酒的價格下滑擠壓了地方名酒和次高端酒商的產品，眾多酒商業績大幅下滑，不得不推出新的產品以擴充自己的產品線，如水井坊最終選擇不再守價，推出「臻釀八號」，零售價定為 428 元／瓶。

然而，當所有的酒商都在轉型做腰部產品時，就又都站在了同一條起跑線上，都需要從招商、品牌推廣、市場服務等各個環節從頭做起。雖然這些知名酒企業並不缺乏品牌效應，但因為長期以來在市場管道、銷售服務方面的欠帳，並非所有酒商推出的腰部產品都能快速獲得市場和消費者的認可，因此專業人士斷言，以推出低價位白酒來彌補高端酒滯銷帶來的業績下滑，在短期內難以取得實效。事實上，眾多酒商著力打造的腰部產品能否贏得經銷商的喜愛，能否得到消費者的認可，從而順利完成轉型，都還是未知數。

在白酒業深度調整的同時，業外資本也躍躍欲試，一些大型集團公司利用雄厚的資本優勢，透過整合區域酒商進入白酒行業，市場併購潮風起雲湧。天津榮程集團與瀘州市合江縣政府正式簽署十萬噸白酒基地專案投資協定，總投資約 120 億元；瀘州老窖集團與統一集團旗下的世華企業股份有限公司簽署合作協定，共同投資在瀘州建立清香型白酒釀造基地，初步規劃年產清香型白酒四萬噸，預計總投資額將達三十億元；中國平安保險集團股份有限公司（簡稱「平安集團」）與宜賓紅樓夢酒業正式簽署協定並達成戰略合作，平安集團投資共計五億元，幫助紅樓夢酒業在品牌、管道建設及技改等方面進行改造；娃哈哈集團與貴州省仁懷市政府簽訂白酒戰略投資協議，入駐仁懷市白酒工業園區，一期投資額或高達 150 億元；大元股份擬收購湖南瀏陽河酒業發展有限公司 100％股權。

然而，資本在白酒行業中到底能掀起多大的風浪，跨界併購對酒商的發展到底能起到多大作用，目前尚無成功案例以資證明。飲料巨頭娃哈哈曾投入鉅資試圖進軍白酒行業，最終還是選擇退出。究其原因，主要還是業外資本對白酒行業的預判性明顯不足。中國的白酒企業大多發源於草根，製造水平仍處於「作坊」時代，距離現代工業製造標準還有較大差距，在管理、營銷、品牌打造等各方面也還有大幅提升的空間。在這種情況下，過於重視資本的作用，而忽視先進管理技術與白酒企業的融合，對白酒企業的正面作用十分有限。業外資本進入白酒行業比較典型的案例是豐聯酒業。豐聯集團在不到兩年的時間內，斥資收購了武陵酒業、板城燒鍋、孔府家酒和安徽文王酒業四家地方白酒製造企業，但這四家酒商並沒有在資本的幫助下獲得更好的發展，至少目前的狀況與收購的預期相差甚遠，大量的精力被消耗在業外資本與白酒文化的融合、人力資源的深度調整上面，被收購的酒商仍然舉步維艱。「有錢能使鬼推磨」這句坊間俗語在白酒行業就是無稽之談。投資對產能提升的作用固然明顯，但對白酒行業軟實力的增強價值極為有限。

白酒價格尤其是高端白酒的價格大幅回落，產品出現滯銷，白酒行業上市公司業績大幅下滑，剛剛起步的白酒證券化也面臨夭折的危險，表面上看，是受到中國政府「八項規定」等政策的直接影響，而實際上原因遠非如此簡單。全面分析快速發展起來的白酒行業不難發現，「黃金十年」的大躍進是建立在宏觀經濟走強、「三公消費」走高的基礎之上，快速的膨脹使很多製酒企業和經銷商迷失了方向，將大量的產品和精力投放到特殊的銷售目標群體，當這種非常規的銷售管道被相關政策封死，新產品又不能即時補位，危險隨之降臨，業績大幅下滑就成為必然。

中國大大小小的白酒企業有幾萬家，稱得上規模的製酒企業也有一千多家。統計資料顯示，中國白酒產量在2012年已經達到1,150萬噸，營收達到四千億元，遠遠超過中國「十二五」規劃中提出的2016年產能九百萬噸、營收三千五百億元的行業規劃，白酒產能過剩已是不爭的事實。然而，在「豬都能飛的風口」上，白酒價格尤其是高端白酒價格一路狂飆，銷售出現了畸形繁榮。於是，白酒企業在高額利潤的誘惑下，放棄低端產品的開發和培育，將心力用在高端酒的生產和銷售上；經銷商只要拿到足夠的配額就能坐地生財，不做市場，不做行銷，不做服務，市場銷售管道特定而單一；酒價的非理性上漲，造成了存酒和收藏酒的盛行，社會庫存高漲；白酒失去了其本來固有的消費屬性，高端酒甚至成為一些人的炫富工具。缺乏服務和創新的市場是畸形的市場，這樣的市場註定難以長久維持。忽視銷售管道建設、經銷商服務、市場行銷的行業，必定是不健康的行業，這樣的行業在暴風雨來臨之際會顯得異常脆弱。「八項規定」嚴格限制「三公消費」直接命中了白酒銷售的要害，但只是壓垮白酒行業的最後一根稻草，只是引爆白酒行業諸多危險的導火線。中國白酒行業在快速發展的十年間，忽略白酒市場發展規律，為瘋狂逐利而放棄了白酒的消費品屬性，整體欠下了許多債。2013年由限制「三公消費」引發的市場低谷，不過是對這些陳年欠債的償還而已。

夢詔餉茅台酒——吳振城

君才如於公，治獄醉益明。

我視何水曹，劣能識杯鐺。

黔人鬻酒味多濁，更有竿兒陋苗俗。

那似江南玉色醪，曲香泉冽乘春熟。

頗聞釀法出茅台，千山萬嶺焉得來。
嗚鞭走送獨不惜，遂使病叟顏為開。
出不慕鐘鼎，歸不慕園。
有酒直須酌，一酌輒陶然。
柳花亂舞來勸客，今日正放春風顛。
君不見春風去來成百年，白日又落西山前。

02 艱難時刻

類似 2013 年遭遇的市場危機在茅台酒的歷史上並非首次。

事實上，譽滿四海、眾口稱讚的茅台酒，並非人們想像中的「酒香不怕巷子深」。1915 年在巴拿馬萬國博覽會榮獲金獎後，由於仍然以分散的燒坊形式維持生產，缺乏統一、嚴格的生產標準，茅台酒一直不慍不火，與中國國內外其他有名的白酒相比，在品牌、口碑、市場銷售等方面的優勢並不突出。新中國成立之初，雖然茅台酒被指定為開國大典宴會專用酒，始獲「中國國酒」殊榮，但由三家燒坊新組建而成的茅台酒廠百廢待興，處境艱難，除堅守傳統工藝保持酒的醇香品質外，生產經營管理並無多少可圈可點之處。

改革開放之前的計劃經濟時代，茅台酒廠的經濟效益長期在較低水準徘徊，管理方法陳舊落後，企業缺乏凝聚力，嚴重欠缺勞工福利。根據茅台廠志記載，從 1962 年至 1977 年，茅台酒廠連續十六年虧損，虧損總額達 444 萬元，平均每年約虧損 27.27 萬元。

二十世紀五〇年代的茅台酒廠，雖然產量很低，尚能維持微利。從 1958 年開始，受中國大躍進政策的影響，茅台酒廠也跟風片面地追求產量，導致生產時多時少，酒品質量下降，企業由微利轉為虧損。這之後的很長一段時間，茅台酒品質下降的問題一直未得到根本解決。1960 年至 1964 年中國經濟困難時期，茅台酒廠的生產狀況持續惡化，生產的基酒合格率降低，次品增多，而且產量也持續下降，企業虧損嚴重。1962 年，茅台酒產量降至 363 噸，虧損 628 萬元；1963 年降到 325 噸，虧損 37.27 萬元；1964 年更是急速下滑到 222 噸，虧損高達 84.28 萬元。期間，仁懷縣商業部門曾以售賣紅糧窖酒的名義，用每斤 142 元的價格連續處理茅台酒廠生產的 1,750 噸次品酒。

茅台人在逆境中仍然為改善茅台酒的品質進行了多方努力。1964 年以後，茅台酒的品質有所回升，產量也趨於穩定。但好景不長，從 1966 年開始，正常的生產秩序遭到破壞，管理混亂，有章不循，實驗成果不能在生產中全面推行，企業連年虧損，勞工生產積極性受到嚴重打擊。1966 年至 1971 年，茅台酒年產量一直徘徊在 230 噸至 370 噸之間，每年虧損額都在三十萬元的高位上維持，連續五年未能完成國家下達的生產、銷售和減虧計畫。

計劃經濟時代的茅台酒廠，原材料有可靠的保證，生產任務有充分的保障，產品也有足夠的銷售去向，為什麼還會長期虧損呢？一是管理不善、浪費嚴重。計劃經濟時代的國營企業，勞工們手端鐵飯碗，坐吃大鍋飯，責任不明確，導致生產經營管理混亂，浪費相當嚴重。以酒瓶為例，品質差，廢品多，運輸破損達 5%以上，平均噸酒損耗酒瓶 270 個。二是工藝技術缺乏革新，生產成本不斷增高。部分包裝材料來自北京、上海的獨家生產企業，價格偏高，運費開支大；1974 年至 1977 年平均噸酒糧耗達 5.257 噸，超出定額 11.35%；同期平均噸酒損耗竟達六十公斤，是定額損耗的三倍；存酒損耗逐年上升，最高時單壇損耗達 10.8%，平均損耗為 5.6%。三是受客觀條件和生產技術的限制，企業不能做大。茅台酒生產週期長達一年，基酒儲存期長達五年，而且生產受到地理條件的嚴格限制，在生產技術沒有明顯突破的情況下，企業勞動生產率相當低下。1952 年，茅台酒廠共有 49 名工人，產量 75 噸，1978 年酒廠共有 1,048 名工人，產量 1,067 噸，人均年產量只有一噸多，很難形成規模化經營效應。四是政策性因素。因為茅台酒特殊的政治經濟屬性，在計劃經濟時代，茅台酒廠受到的國家計畫控制程度，遠遠高於其他國營企業。其經營決策權只體現為如何完成國家計畫，如何按國家規定的銷售管道完成國家定購任務，因而缺乏產品定位、新產品開發、多種經營等經營自主權。產品定價高度集中且長期穩定不變，銷售管道單一且長期固定，長期以不合理低價位出售給商業部門，導致生產利潤和商業利潤衰退，企業生產越多虧損越大。1979 年八月，新華社記者就以《為什麼茅台酒價高還虧本》為題，用內參的形式向中國政府高層反映過茅台酒生產、商業利潤衰退的問題，希望國家統籌兼顧，適當調整工商利潤，同時允許企業在完成調撥計畫後自主對外銷售部分商品。

這之後，伴隨改革開放大幕的徐徐拉開，茅台人開始接受市場的考驗。1989 年，茅台酒經歷了走向市場以來的首次衝擊。這一年，白酒市場極度疲軟，商品滯銷嚴重，茅台酒廠度過了歷史上最艱難的一年。

乘著改革開放的東風，二十世紀八〇年代的茅台酒廠在經營體制的變革上取得了極大成功，獲得了幾十年來一直夢寐以求的經營自主權，企業和勞工的積極性被充分調動起來，產品的品質和產量都取得了重大突破。過去在市場上難得一見的茅台酒，居然開始在商店裡就可以買到。1987 年七月調價後，茅台酒的銷售甚至還出現過相當旺盛的局面。

出乎意料的是，這次茅台酒旺銷的局面並沒有維持太長時間。二十世紀八〇年代末期，經濟發展過熱，迫使中國實行治理整頓的緊縮政策，中國市場發生極大變化，商品市場出現嚴重萎縮。1988 年，國務院物價部門對茅台酒等十三種高檔白酒調高價格，對茅台酒的銷售產生了一定的負面影響。1989 年中國在治理整頓的相關政策中又把茅台酒列入社會集團控購商品之一，嚴格控制行政事業機構以及廠礦企業單位對茅台酒的採購。同年七月，中國有關部門發文規定國宴不准上國家級名酒等新的廉政措施。當時進入國宴的高檔白酒只有茅台，因而這一規定對茅台酒，旨在促進高端領域消費的銷售策略形成了致命的打擊。

到 1989 年，所有這些治理整頓的緊縮政策給茅台酒廠帶來了明顯的滯後效應，長期統一經銷茅台酒的內外貿部門在前兩個季度基本沒有調酒；原本由國家指令性計劃調撥的原料也變得毫無保證；往年國慶日、中秋節前供不應求、十分緊縮的茅台酒在這一年的銷售形勢急轉直下，市場突然疲軟，形勢相當嚴重。

此時的茅台酒廠已經由過去計劃經濟時代的長期包銷轉型為市場經濟條件下的企業自銷為主，市場的疲軟對茅台酒廠形成了直接的衝擊。1989 年第一季度，雖然經過第一線銷售人員的各種努力，市場銷售量仍然急劇下降，淨銷售量僅有可憐兮兮的九十噸；成品倉庫一度爆滿，迫使包裝車間全面停產；在中國全面的緊縮戰略之下，流動資金貸款受到嚴格控制，購買原輔材料的資金嚴重短缺；用於制曲的小麥省內缺貨，省外的調不進來；生產鍋爐用煤告急，油庫只剩數百公斤汽油，車輛加油都需要廠長批准；全廠所欠外債達三千多萬元，生產面臨嚴重威脅。

一時間中國新聞出現了：茅台告急、茅台酒滯銷、茅台酒開始擺攤了、茅台酒上門推銷等報導。茅台酒廠這一次遭遇到了真正的市場危機，體會到了市場的殘酷和兇險，同時也感受到了市場的魔性，意識到了茅台酒走向市場的必要性。

然而，茅台酒廠的市場化之路遠非人們想像中那樣順風順水，艱難困苦依然不時地光顧這個有著百年榮光的著名酒廠。

1996 年是中國「九五」規劃的開局之年，茅台酒廠也提出了

「九五」期間的宏偉發展規劃：新增兩千噸茅台酒生產能力，形成六千噸的生產規模，打開規模效應之門；提高茅台酒在中國國內外市場的覆蓋率、占有率，大幅增強茅台酒在中高檔消費領域的競爭能力；到「九五」末期茅台酒銷售比「九五」初期翻了兩倍，達到四千噸；到2000年，產值達到二十五～三十億元，年銷售收達到十五～二十億元；建成中國白酒行業規模最大、影響最大的集團型龍頭企業。

茅台人雄心勃勃的發展規劃又一次遭遇了國家宏觀經濟的低谷。這一年，中國宏觀經濟軟著陸，經濟全面下行；國有企業改制在全國範圍內鋪開，下崗人員增多，消費水準下降；宏觀經濟政策的調整，導致社會資金分流加劇，無論是機構還是個人的購買力都顯著下降；人們的消費習慣發生變化，消費觀念轉變，資金流向多元化。諸多因素的影響，導致整個白酒市場淡季來得早、來得快，持續時間長，價格下滑幅度大，市場表現沉悶。

1997年亞洲金融危機後，茅台酒廠最終完成了市場化的轉型。中國貴州茅台酒廠（集團）有限責任公司在1997年掛牌成立後，茅台酒廠失去了多年以來一直享受的政府撥款，以獨立法人的身份進入市場。但這一轉型適逢亞洲金融危機全面爆發、國家實行宏觀經濟調控的谷底期，轉型的陣痛可想而知。1996～1997年間最艱難的歲月裡，甚至有一段時間各地經銷茅台酒的糖酒公司反哺茅台，紛紛出錢支持，以保證茅台能按時給員工發放工資。

與中國其他名優白酒產品相比，在二十一世紀的頭幾年，茅台酒在市面上的銷售表現依然不是很好。一個典型的比較就是，當年在沃爾瑪大連店，茅台酒平均每天的銷量只有可憐的一箱，而同為高檔白酒的五糧液以一天五十箱的銷量一騎絕塵。

最艱難的時期也是茅台突破自我、樹立茅台新形象的最佳時期。這一時期，茅台集團除一如既往地宣傳茅台酒的歷史底蘊和獨特品質之外，打出了「中國國酒」和「喝出健康」兩張王牌，開始對茅台酒進行全方位的文化包裝。這之後經歷了艱難曲折的茅台酒廠才一天比一天滋潤起來。到 2005 年，茅台的利潤超過五糧液。飛天 53 度茅台的終端酒零售價從二十世紀九〇年代的每瓶一兩百元一路上揚，到 2011、2012 年最高時達兩千三百多元一瓶，仍然一瓶難求。2006 ～ 2012 年，雖然營業收入仍低於五糧液，但淨利潤已實現了超越，說明茅台主要產品的盈利能力優於五糧液。茅台旗下的其他系列醬香酒雖然銷售數量不大，但也大多維持在每瓶六七百元的高端價位。

然而，進入 2013 年，形勢急轉直下。年初，重慶永川、廣西玉林、西藏的三家茅台酒經銷商因低價和跨區域銷售，受到茅台集團暫停執行合約計劃、扣減 20％保證金、黃牌警告的處罰。茅台酒的銷售頹勢初見端倪。緊接著，茅台集團被中國國家發展和改革委員會，以「白酒企業應當維護社會物價穩定」為由約談並處以罰款。茅台酒看似高居不下的價格直接受到了來自官方的警告。

在公務消費受到全面抑制的大背景下，白酒行業進入深度調整階段，市場預期不被看好，價格下跌是大勢所趨。茅台酒自然也不能置身事外。市場需求不足使茅台旗下的中高端產品從 2013 年第一季度開始全線降價，短時間內即從價格巔峰跌落下來。飛天茅台的價格以坐溜滑梯的速度迅速下落，每瓶降到八九百元，經銷商還得想盡辦法拋售；茅台迎賓酒、茅台王子酒、漢醬酒、仁酒等四個子品牌的終端零售價格大幅調整，最高降幅超過 50%。

青島的一個茅台酒次級經銷商，1995 年時從山東一級經銷商那裡進一瓶 53 度飛天茅台的成本只需要 198 元；到 2010 年，進價漲到了 1,200 元；2011 年底，每瓶飛天茅台的進價在 1,800 元以上。但這個時候，誰也不會想到茅台酒的價格有一天會像坐溜滑梯一樣下落，深知茅台酒產量和配額都極為有限的經銷商，這時候仍然在高價位上大批大批地進貨。到了 2013 年四月至五月，斷崖式的價格下跌，終於讓次級經銷商承受不起資金的巨大壓力，跟中國各地很多次級經銷商一樣，以每瓶八百多元的價格拋售了 53 度飛天茅台的全部存貨。

鑒於茅台酒在白酒行業的至尊地位，從品牌、價格到銷量，都是行業標杆，是業內外緊盯的物件，尤其是茅台高端酒更是牽一髮而動全身，雖然茅台集團高層乃至貴州省委領導都公開表示，中央治理公款消費不會影響茅台及貴州白酒產業的發展，藉以提振市場信心，但白酒行業的這股寒流，還是遏止了茅台酒廠近幾年來高速增長的勢頭。

2013 年上半年的生產和銷售情況都不如人意。前六個月，茅台集團實現銷售收入 179 億元，僅比 2012 年上半年銷售收入增加了一億元，增幅甚微；第一季度完成產值 65.46 億元，同比下降

12%；一月～六月的產值同比下滑 4.2%。

按茅台年初的規劃，2013 年全年預計實現 436 億元銷售收入，實現銷售增長 23%，而年底實際完成的銷售額是 402 億元，增長 13.8%。雖然全年的淨利潤仍然達到 222 億元，上漲了 12.75%，但未能實現預期業績，即足以說明茅台的遲滯態勢。

白酒行業的一些資深專家斷言，茅台的高速增長已經成為歷史；各路財經媒體也紛紛撰文發表看法，普遍認為茅台想要回暖幾乎沒有可能；眾多經銷商和終端零售商也預測，飛天茅台重回千元價位將難上加難。

黑雲壓頂，真的會摧垮茅台這座具有百年歷史的榮耀之城嗎？

茅台酒是否真的如傳說中那樣，只能頻繁出現在公務消費中，而不可能擺上普通大眾的餐桌？

茅台的銷售管道真的那麼特定、單一、脆弱不堪嗎？

在 2013 年冬天到來之時，人們都在等待著茅台的答案！

仁懷道中書事——龍體剛

不斷峰巒古，晴雲晚看多。
居民疑蜃市，宿客信煙蘿。
村酒沽無階，荒山賦有科。
本來深窮極，入暮自山歌。

03 發力

茅台酒廠多年來經歷的各種艱難曲折，概括起來不外乎三種情況。第一種情況：在特定歷史時期，因特殊的政治環境，生產經營受到重大影響。片面追求產量而忽視品質，生產經營處於非正常狀態，造成連年巨額虧損。第二種情況：受宏觀經濟形勢的影響，銷售端發生劇烈震盪，銷量和價格下滑嚴重。1989 年中國宏觀經濟治理整頓、1997 年亞洲金融危機都對茅台的生產經營造成了強烈的衝擊。第三種情況：茅台酒較常出現在公務消費等特殊場合，因而受政策因素的影響較大。歷次廉政措施的頒布、限制奢侈應酬規定的頒布，茅台酒都首當其衝。

第一種情況已不復存在，特殊的政治環境影響企業生產經營的歷史已一去不復返；第二種情況應屬正常，市場經濟條件下，經濟週期性波動是必然的，企業必須適應這種市場波動，並建立長效機制予以應對；第三種情況頗具特色，解決的辦法仍然是走向開放的市場，大幅降低政策性消費在銷售中的比重，把政策性波動對企業帶來的影響降至最低。

每一次面臨艱難時刻，茅台酒廠都將其視作一次轉型的機會。針對不同時期的不同情況，茅台人每每於危難之際盡一切的努力，在危機中展開救贖，在艱難中邁出市場開拓的步伐。

在經歷了連年的虧損之後，茅台酒廠迎來了一次絕佳的轉型時機。十年動亂結束了，改革開放的大幕已經拉開，這一時期的茅台酒廠雖然因其特殊的地位在白酒行業乃至政治、經濟領域都有著很大的名氣，但勞工收入低，福利待遇差，尚有不少勞工住在漏雨、用油毛氈做為屋頂的房子裡。全廠上下因連年的虧損和低水準的收入待遇而人心渙散，勞動紀律鬆弛，服務品質下降。廠房破舊擁擠，生產設施簡陋，管理原始落後，生產環境髒亂，茅台酒生產受到嚴重威脅，欠產、減產現象經常出現。隨著市場經濟的興起，茅台鎮以及赤水河畔一下子冒出近百家酒廠，這些新冒出來的酒廠以高薪為誘惑，挖走了茅台酒廠約四分之一的釀酒師，外出兼職的茅台釀酒師更是遠遠超過這個數字。

為了扭轉這一局面，茅台酒廠的第一個動作就是儘快提振全體員工的士氣。茅台酒廠適時提出「愛我茅台、為國爭光」的口號，激勵全體員工為茅台工作的榮譽感和自豪感。與此同時，制定了「一品為主多品開發，一業為主多種經營，一廠多制全面發展」的企業戰略，確定「永保一流產品，爭創一流管理，實現一流效益，建設一流風貌」的發展目標，號召全廠上下堅持「品質是本，行銷是根」的經營思路，發揚「自出難題，自找麻煩，自討苦吃，自加壓力」的「四自」精神。

第二個動作就是突破茅台酒長期以來的高度計畫和專賣體制，爭取部分產品的自主經營權。茅台酒廠的改革方案是：在完成國家下達的計畫任務後，剩餘的部分產品由茅台酒廠自主經營，直接進入市場，換取後續發展所需的資金。該方案透過到茅台視察工作的中國中央領導，上報到國務院的有關部門，並在得到批准後順利執行。茅台酒廠邁出了走向市場的第一步，獲得了企業滾動發展急需的資金，為後來的增產擴建打下了堅實的基礎。

第三個動作就是技術革新。茅台酒的釀造一直堅守傳統工藝，但傳統工藝與先進生產技術的應用並不衝突。為迅速改變當時落後的生產手段，在不破壞傳統工藝、不影響基酒品質的前提下，茅台酒廠加大了技術革新力度。這一時期取得良好效果的重大技術改造，包括：一是自主設計並製造安裝工字梁行車，用抓鬥起窖、起甑、下窖，拋棄人工背糟的原始辦法，減輕工人的勞動強度；二是全面推行已經試驗成功的蒸汽烤酒，放棄背煤燒天鍋烤酒的落後辦法；三是經過反復試驗和分析論證，推行產量高、品質好的條石窖池，棄用泥巴窖和碎石窖。

第四個動作就是在行銷上下功夫。一是改進茅台酒的成品包裝，改木板裝箱為紙箱，改皮紙纏包為彩盒裝；二是研製開發珍品茅台酒、漢帝茅台酒，以及三十年、五十年、八十年的年份茅台酒，豐富產品種類，以滿足不同層次消費者的需要；三是積極創造條件提高茅台酒廠的行政級別，藉以提升企業形象；四是推進茅台酒廠的改制，積極組建中國貴州茅台酒廠集團和上市公司，募集大量資金，為跨越式發展打下堅實的基礎。

這一時期的功臣是人稱「茅台二良」之一的鄒開良。他對茅台這一時期的轉型做出了巨大的貢獻：一舉扭轉茅台酒廠連續十多年的虧損，開啟了茅台酒廠實現盈利的歷史；為茅台酒廠爭取到了在當時十分珍貴的自主經營權，帶領茅台人邁出了走向市場的第一步，積累了茅台酒廠的後續發展資金；透過技術改造提高茅台酒廠的勞動生產率，減輕了勞工勞動強度，提高了勞工生活水準，改變了廠區環境面貌，為茅台酒廠後來的騰飛搭建了良好的平臺；推進建設國酒文化城，為茅台酒增添了豐富的文化內涵。

到了 1998 年白酒行業遭遇前所未有的衝擊和挑戰、茅台酒也出現嚴重滯銷的時候，茅台酒廠的應對就顯得從容得多。經過市場洗禮的茅台人這時對市場經濟已經有了較為直接的瞭解，對自己的產品在市場上的地位也有深刻的認知，同時也掌握了市場經營的方法與技巧，參與市場競爭的能力得到明顯加強，從而為這次白酒行業遭遇寒流後，迅速打開市場新局面創造了有利條件。

此時的茅台酒廠已發展為茅台集團。集團公司在變局之下審時度勢，組織一支幹練的團隊進行行銷策劃，打出一整套行銷組合拳。

「組合拳」之一就是行銷策劃從傳播茅台文化著手，從講茅台故事開始。茅台有著百餘年的榮耀史，文化底蘊深厚，累積了許多傳奇。跟其他企業相比，茅台最不缺乏的就是故事。於是，茅台故事被編成各種書籍，《茅台故事 365 天》、《神秘茅台十三問》、《國酒茅台史畫：國酒與共和國的世紀情》、《老外交官話茅台：國酒茅台譽滿全球》等相繼問世，主要宣傳茅台酒的悠久歷史、工藝特點和文化品位。巴拿馬萬國博覽會上怒摔茅台酒、中國紅軍長征四渡赤水在茅台鎮暢飲茅台酒、中國開國大典宴會上被指定為專用酒、中國開國總理以及許多領導人平生只喝茅台酒等，早已存在的故事，都在這一時期得到廣泛傳播，十分有效地帶動了茅台酒的行銷。

「組合拳」之二就是行銷管道和隊伍的建設。白酒銷售過程中，銷售人員支撐著整個銷售市場的發展，起著決定性的作用。茅台酒因其先天的尊貴地位，素來就有「皇帝的女兒不愁嫁」的心理優勢，因而在行銷隊伍和行銷管道的建設上一直弱於同行。這一次茅台人面臨銷售頹勢，下定決心選聘精兵強將組建行銷隊伍，一大批有學識、有能力、有想法、有闖勁的銷售人員進入茅台酒的行銷隊伍。很快，「生產商—經銷商—零售商—消費者」的傳統分銷管道在中國各地建立起來。行銷隊伍的壯大，逐漸擴大了茅台酒的銷量，拓寬了茅台酒的市場空間。

很多人認為，茅台酒的經銷商一定是賺大錢的。事實上，經銷商不但要在茅台酒銷售低谷時承受巨大的資金壓力，還要在價格直線下滑時承擔巨額虧損。1997 年進入茅台酒經銷商隊伍的周莉，在成為遼寧省大連地區經銷商時，正值茅台酒的新一輪市場危機，價格回落，酒賣不出去，連續幾年都不能贏利。滄海橫流，方顯英雄本色。年輕的周莉透過品鑒會、商場展銷、大客戶聯誼會等多種方式努力開拓銷售管道，直至 2004 年才取得較大突破。十年後的 2008 年，與主要競爭對手五糧液 1 比 50 的銷量差距終於變成了 1 比 1。

「組合拳」之三就是圍繞市場採取切實可行的行銷手段：根據消費者需要和市場需求，生產適應不同消費層次的品種；合理安排生產和包裝計畫，認真履行銷售合約；推出不同年分的陳年茅台酒；

特製 1,997 瓶香港回歸紀念版茅台酒在香港拍賣。

「組合拳」之四就是加強打假力度，建立打假激勵機制。茅台酒價格昂貴、利潤豐厚，一向為造假制假者所垂涎。市面上茅台假酒之多，雖然沒有傳言中「90％的茅台都是假的」那麼誇張，但用山寨橫行、氾濫成災來形容一點都不為過。假酒氾濫極大地損傷了茅台酒的聲譽，因此，加強打擊冒牌茅台酒，既是茅台酒廠義不容辭的責任，也是提升茅台形象、促進茅台酒銷售的重要手段。為此，茅台酒廠設立專職「打假辦」（現稱法律知保處）在中國各地剿滅假茅台酒，僅 1997 年就查獲假冒茅台酒 2,200 件，有力地維護了茅台酒的形象。

這一時期茅台酒廠最大的功臣是「茅台二良」中的另一位——季克良。1998 年五月，在茅台酒處境艱難的時期，季克良臨危受命，出任茅台集團黨委書記、董事長、總工程師。此時，距他大學畢業進入茅台工作已經三十五年。在他的任期內，茅台酒廠取得了兩項足以載入茅台史冊的成就：一是 2001 年八月茅台集團掛牌上市，並在之後成為中國 A 股市場為數不多的百元股之一，而後更上一層樓，躍升並長期雄踞 A 股第一股；二是 2003 年茅台酒產量首次突破一萬噸，實現了四十五年前中國主席毛澤東和總理周恩來的願望。

季克良在白酒行業是大師中的大師，在茅台酒廠則是品質之王，他對茅台酒品質的追求近乎偏執。他自稱在茅台酒廠工作的四十八年期間裡，喝下了兩噸茅台酒。當然不是他好酒，事實上他在進入茅台酒廠工作之前滴酒不沾，工作期間喝下這麼多酒，完全是出於品質把控的需要，出於品評的需要。季克良以其深厚的理論素養，加上喝下去的這兩噸酒，開創了茅台酒的品質時代：以科學方法總結提煉茅台酒高溫堆積、高溫發酵等十大獨特工藝，並據此制訂標準化工藝流程，使茅台酒在1995年之後實現了品質和產量恒久如一；提出茅台酒是集天地之靈氣的產物，因其獨特的釀造原理所決定，離開茅台鎮的地理環境、微生物群、赤水河水等獨特條件，就釀不出茅台酒；積三十餘年之功力，研究了茅台酒中飽含有利於人體健康的多種因子，論述了神秘茅台酒與人體健康的多種關係，宣稱適量飲用茅台酒有利於身體健康；剖析茅台酒中近千種香氣、香味物質，為世界蒸餾酒之最，為中國白酒贏得了美譽。

與此同時，茅台拋棄「酒好不怕巷子深」的傳統理念，花大力氣開展營銷管道的建設，加大品牌提升的力度，在處境艱難的時候硬是殺出了一條血路，把茅台的銷售業績帶到了一個新的歷史高度。

雖然在經歷了多次市場危機後，茅台人樹立了一定的市場意識，但1998年中國市場的風雲突變，還是從更深層次觸動了茅台人的思想觀念，從而極大地推進了茅台邁進市場經濟的步伐。為進一步完善行銷網路，茅台終於成立了銷售總公司直接面對市場，開始大手筆建設茅台的行銷網路。在堅持以市場為中心、加強行銷網路建設、促進終端消費方面，茅台的認識一直十分清醒，提出要把最好的經銷商、最好的行銷網路嫁接到茅台，為銷售茅台酒及其系列產品服務。首先，茅台高層幾乎跑遍了中國的所有省分，親自指導、督查茅台銷售片區和茅台專賣店的設立，在中國三百多個地級市、兩千八百多個縣級市建立起「中心配送站—經銷商—專賣店（櫃）」的行銷網路。其次，要求銷售部門：一要瞄準知名商場、知名超市建好專櫃（店）；二要瞄准知名酒店、飯店做好促銷、直銷和終端消費；三要鞏固原有老客戶，尋找對銷售茅台酒及其系列產品有感情、有責任心、有長期合作意識、有經營能力、有經濟實力、有行銷網路、有信用的經銷商。再次，對中國國內的經銷商進行清理整頓，對長期經營不善、形象較差、經營侵犯茅台酒知識產權產品的專賣店和專櫃進行清理取締，使銷售網路更加純潔。然後，為適應網路資訊化為主導的電子商務，專賣店必須嚴格按要求實行店面裝修、設計、服務、話術、服裝、品牌標識、商品陳列、銷售價格的「八個統一」。最後，在銷售環節上，不遺餘力地打擊仿冒品，對冒牌茅台釜底抽薪，有效維護茅台酒的品牌形象。

行銷網路建設之外，茅台在推進品牌建設方面，實施了三項影響深遠的舉動：一是大力傳播茅台酒的國酒概念，全力謀劃國酒茅台的工商註冊，確立了茅台在消費者心目中的國酒地位；二是從戰略的高度，提出綠色茅台、人文茅台、科技茅台的發展理念，融茅台酒的傳統工藝、文化底蘊和時代特徵等諸多內涵於一體，向消費者展示了茅台持續快速健康發展的未來；三是提出九個行銷戰略，即透過工程行銷、文化行銷、服務營銷、網路行銷、感情行銷、個性行銷、誠信行銷、事件行銷、智慧行銷，把茅台的行銷變成贏銷。

當 2013 年白酒行業暴風雨襲來時，茅台顯示出臨危不懼的大公司風範。在茅台管理層看來，當內需減小已成定局，限制公務消費常態化，酒商的轉型就成了必然，尤其是生產高端白酒的企業。從這一點看，白酒行業借這次機會進入深度調整並不是一件壞事，反而有利於產品結構、行銷方式、發展模式的加速轉型升級，是促進行業健康發展的一個重要契機。

正是出於這樣的認識，茅台集團得以從容應對這場危局。

為應對銷量下滑，茅台集團鬆綁經銷權，採取「特約經銷商」的方式吸引行業新經銷商加盟。每年十月底之前付款，三十噸為最低起點，出廠價為 999 元／瓶，就能成為茅台的特約經銷商。一年後，可以享受茅台 819 元／瓶的出廠價。這一市場策略一經推出，立即吸引了大批經銷商加入，經銷商數量從一千三百多家發展到兩千八百多家，其中就包括五糧液的最大經銷商銀基集團。茅台由以價取勝轉為以量取勝，初戰告捷。

為應對公務消費下降，茅台集團即時把經營重點轉向商務和個人消費。堅持以市場和顧客為中心，讓名酒回歸為民酒。作為茅台酒業深度轉型的創新之舉，成立白酒行業首家個性化定制行銷公司，圍繞個性化定制、企業定制、中外名人定制、區域定制四大方向展開業務，個人消費者可以直接向茅台定制帶有特殊圖案、標識的個性化產品，讓白酒固有的消費品屬性得到充分發揮。

受生肖郵票啟發，2013 年，時任茅台集團黨委書記陳敏首次提出「一歲一生肖，一酒一茅台」的概念，積極宣導推出茅台生肖酒。他在一次會議上力推茅台生肖酒時預言，生肖酒每年將給茅台帶來一億元以上的營業收入，引起全場哄堂大笑。然而，從 2014 年茅台推出馬年生肖酒以來，全部推出的五款生肖酒都無一例外地受到市場熱捧，一經上市即被搶購一空，每年的營業收入遠遠超過陳敏當初的預言。在收藏界，生肖酒更是被視若珍品，收藏價格動輒翻倍，較早推出的馬年生肖酒、羊年生肖酒、猴年生肖酒更是被炒到每瓶一兩萬元的高價。

茅台集團也積極開拓國際市場，發展海外經銷商，數量達到七十一家。在法國、俄羅斯、美國等地建立五個辦事處，推廣茅台酒以及中國酒文化，把茅台酒打造成世界蒸餾酒著名品牌。僅憑此項舉措，2013 年茅台酒在國外的銷量就增加了一千噸，創匯接近兩億元。

鑒於茅台酒依然存在價格向下波動、市場庫存壓力較大的風險，茅台集團在中國建立三十二家自營公司，建立網路自營商城，與京東、天貓、酒仙網展開合作，進一步加大行銷轉型的力度。

一系列應對市場變局的嫻熟動作，使得茅台集團在行業深度調整的 2013 年並沒有陷入泥淖，雖然銷售額及利潤總額增速大幅放緩，但銷售收入仍然突破四百億元，產量仍保持 17.02％的增速，市場轉型的巨大成功，幫助茅台集團相對平穩地渡過了這一波來勢洶洶的危機。

寓仁懷，送友人還鄉——龍體剛

四載晴煙問酒家，芭蕉亭子醉鮮花。

波平赤水魚無鬣，日落丁山鼠有牙。

蜀鳥聲中歸去好，峽猿春半聽來賒。

楊柳只作樽前雪，依舊風回天一涯。

04 唯我獨醒

中國的歷史悠久，孕育無數個具有民族特色的名牌產品，百年老店、中華老字號幾乎隨處可見。然而，歷史的變遷和工業化的大潮使很多傳統名牌產品黯然失色，甚至逐漸消亡。太多的百年老店、中華老字型在經歷了花樣年華之後，或僅存其表，或徒具虛名，或「泯然眾人矣」。一些曾經風光無限的民族品牌，其興也勃，其亡也忽，或被外資狙擊而灰飛煙滅，或因經營不善而破產重組。尤其是近幾十年來經濟大潮的劇烈波動，殘酷的優勝劣汰讓很多企業隨波逐流，激烈的競爭也導致很多商家難以自控，讓一個又一個的民族品牌失去了自我，迷失了方向，並最終從消費者的視野中消失。

創建於二十世紀五〇年代的鳳凰牌自行車，曾經是中國自行車累計產銷量第一、長期雄踞行業榜首的品牌，在中國同類產品品質評比中曾連續八次榮獲第一名，獲獎無數。二十世紀六〇至八〇年代的中國，鳳凰牌自行車是很熱銷的商品，售價很高卻一車難求。

俊男靚女們騎著一輛輛鳳凰牌自行車，穿行於大街小巷，相當的前衛，勝似今天的人們開賓士、BMW 等名車。鳳凰被中國人視為吉祥和高貴的象徵，女孩的嫁妝中如果有一輛鳳凰牌自行車，那是一件十分有面子的事情。直至二十世紀九〇年代初，中國出口的自行車中三分之一都是產自上海鳳凰自行車有限公司（簡稱鳳凰）。大約在 1986 年前後，鳳凰開始擴張經營，而且擴張經營後的一段時間內也形勢大好。進入二十世紀九〇年代，中國的自行車零部件生產廠及整車廠數量猛增，自行車很快從賣方市場轉變為買方市場，行業進入飽和期。面對變局，鳳凰並沒有在增強自身競爭力方面下功夫，而是逐步收回品牌的使用權，試圖逃離在產量上與同行的競爭。然而，經過多年的聯營，不少小型製造商已經具備了與鳳凰相當的生產能力，因而完全有實力在脫離鳳凰之後建立自己的品牌，與鳳凰展開激烈的競爭。與此同時，台資和外資自行車公司抓住這種混亂局面，快速打入中國市場。進入新世紀，公司決策者在探索電動自行車、運動型自行車的生產上裹足不前，新產品的開拓不盡如人意，傳統市場又面臨蠶食，曾經有望一飛衝天的「鳳凰」最終折翼，歸於沉淪，至今仍然只能浴火中期待涅槃。

具有傲人歷史的英雄牌鋼筆，曾經是中國民族品牌的形象代表。當年一部《英雄趕派克》的電影，讓中國的千萬觀眾熱血澎湃。鼎盛時期的英雄牌占據中國鋼筆市場 50%的份額，身價億萬。暢銷產品英雄一百鋼筆，曾經在全球暢銷幾十年，經久不衰。直到二十世紀九〇年代，這家有數十年歷史的企業，還保持著產品製作技術的高水準、工藝上的高格調和銷售的高附加值。1996 年的半年財報顯示，英雄鋼筆當時的總資產 703 億元，淨資產高達 3.72 億元。十六年過後的 2012 年，其總資產和淨資產分別萎縮至原來的三十分之一和一百五十分之一。公司員工流失嚴重，由最高時的千餘人下降至不足一百五十人。產量急速下滑，由高峰時期的每月兩百萬支下降至不到十四萬支。最終，這家創業八十年多年的老品牌，以兩百五十萬元的賤價，將其49%的股份轉讓給了長期以來的競爭對手、美國老牌企業派克鋼筆。英雄鋼筆的衰敗有時代變遷、科技發展等客觀因素，電子產品和中性筆的普及使鋼筆市場的需求越來越弱是不爭的事實，但這並非根本性的原因。體制、創新、經營管理等方面的不足才是英雄鋼筆衰敗的主因。一個明顯的反證就是，在英雄鋼筆一路衰敗之時，數千元一支的美國派克鋼筆、德國萬寶龍鋼筆在中國市場大熱，銷量不斷增長。

在酒水飲料行業，類似的案例也不在少數。誕生於 1984 年的碳酸飲料——健力寶一問世，即在當年舉辦的洛杉磯奧運會上打響名號，中國魔水迅速走紅。十年後，產品銷售額超過十八億元，名列全國酒水飲料行業首位。2004 年，在中國五百大最具價值品牌排行榜中，健力寶以 102.15 億元的價值排行第 43 位，列飲料業第一名。在當時，健力寶被認為是最有可能與國際飲料巨頭可口可樂、百事可樂、達能拉開架式一競高下的中國飲料品牌。然而，就在健力寶如日中天的時候，公司爆發歸屬權之爭，創始人李經緯遭免職並被捕入獄，公司幾經轉手，仍然不能恢復到正常的生產經營狀態，在飲料行業競爭趨向白熱化的情勢下，健力寶的市場份額越來越少，最終被徹底邊緣化。

最讓人警醒的是秦池酒廠。位於山東省臨朐縣的秦池酒廠一度名不見經傳，在成千上萬家遍布中國各地的釀酒企業中毫不起眼。但這家實力平平的酒商，在 1995 年年底以 6,666 萬元的價格奪得中國中央電視臺黃金時段的廣告後，一夜成名，身價倍增。得標後的一個多月時間裡，秦池酒廠就簽訂了四億元的銷售合約；兩個月的銷售收入就達 2.18 億元，實現利稅 6,800 萬元，相當於秦池酒廠建廠以來前 55 年的總和；1996 年六月底的訂貨就已排到年底，全年的銷售額由上年的 7,500 萬元躍升到 95 億元。廣告的轟動效應讓秦池酒廠如醉如癡，對外宣稱「每天向中央電視臺開進一輛普通福斯，開出一輛豪華奧迪」。1996 年年底，秦池酒廠毫不猶豫地以 32 億元的天價，再次拿下中央電視臺黃金時間段的廣告，試圖「開進一輛賓士，開出一輛加長林肯」。然而，原酒生產能力只有 3,000 噸／年的秦池酒廠，根本滿足不了如雪片般飛來的訂單，擴大生產規模又不能產生立竿見影的效果，因而只有劍走偏鋒，與周邊地區的酒廠聯營，甚至從川藏公路兩側的小酒廠，大量收購散裝酒經勾兌後出售。如此一來，產品品質就很難保證。1997 年亞洲金融危機降臨，白酒市場風雲突變，秦池酒廠在消費者的一片質疑聲中轟然倒下。

與這些企業的興衰相比，茅台雖然也經歷過不少波折，但總能在風雨之後再現彩虹。無論是扭曲歲月的磨礪，還是經濟燥熱的衝擊，茅台都能一直保持清醒的頭腦，維持自身高貴的品格。

茅台酒屬醬香型白酒。醬香酒在白酒市場所占分額較小，大約為中國白酒產量的 5%、產值的 15%，創造利潤近 28%。茅台酒因受生產地域的限制，產量有限，因而在醬香酒中所占的比例更是少之又少，加上茅台酒必須儲足五年後才灌裝上市，所以不可能在數量上取得對同行的競爭優勢。對此，茅台酒廠無論在什麼時候都保持著清醒的認識，從來都不與其他酒商在產量上一爭高低。即使在二十世紀六七〇年代，茅台酒廠的正常生產秩序受到了衝擊，生產設施也進行了改進和擴建，但始終警惕產量上升、品質下降的矛盾，把茅台酒的品質看成是一切工作的第一標準，堅持老操作、老設備、老工藝，嚴格品質檢測，把保證品質作為企業經營的重要前提。當品質與數量發生矛盾時，堅持數量服從品質，產量提升從實際出發。所以在這一時期，茅台酒品質沒有明顯的下降，基本保持了 1957 年的水準。

除了幾次銷售低谷外，茅台酒因其在酒業獨特的尊貴地位，其產量總是遠遠滿足不了市場的需求。1978 年以前，茅台酒廠的產量一直在千噸以內，改革開放以後產量增長較快，自 1978 年突破一千噸到 1992 年的 2,089 噸，增長 95.56%，但由於茅台酒生產工藝的獨特要求，陳釀五年以上經檢驗合格才能出廠銷售，1992 年茅台酒的銷售量只有 1,438 噸，較 1978 年的市場銷售量增長 131.93%。隨著茅台酒在國內外市場上聲譽的擴大和人民生活水準的不斷提高，對茅台酒的需求量大增，需求與供給嚴重不平衡。儘管茅台酒的售價不斷上漲，從 1979 年市場零售價每瓶不過十幾元，到 1989 年七月上漲到185元，省外一些市場甚至高達300～500元／瓶，再到2011～2012年的終端零售價突破2,000元／瓶，2017年上半年市場價格再一次上漲至1,500元／瓶左右，仍難以抑制不斷膨脹的市場需求。在茅台酒廠成品庫的記錄上，除1989年、2013年等少量時期外，大部分成品都只在倉庫存放幾天就銷售一空，銷售旺季時基本上沒有存儲的時間，剛下包裝線的成品酒很快就被裝車運走，許多客戶等待十天半月也提不到貨。即使旺盛的市場需求與嚴重不足的供給間有著如此明顯的矛盾，茅台酒依然一如既往地嚴守產品品質的紅線，堅持不搞產量大躍進，堅持不賣新酒。

成為經典並不是一件容易的事情。經典從來就不是以量取勝，這正是茅台不同於一些其他企業的清醒之處。當對品質的追求達到一定境界，茅台酒就有足夠的底蘊和足夠的自信彰顯自己尊貴形象。

從2012年年末開始，中國酒水飲料行業在生存環境發生巨大變化的情勢下，產生了兩個最火熱的話題：一是所謂的行業整合。白酒行業試圖透過行業整合形成規模效應，一些知名酒類企業開始收購地方酒企，掀起白酒業整合大潮。二是所謂的模式創新。白酒行業為解決消費斷層問題，試圖透過模式創新吸引新的消費群體，一批新興的白酒品牌透過時尚化、電商化等方式迅速壯大，引人注目。一個企業在應對大環境變化時，整合行業或建造新的商業模式當然是必要的，但茅台人在這一點上沒有跟風冒進，而是始終保持清醒的頭腦，根據自身的實際情況，保持自己的經營特色，堅持既定的發展方向。

以行銷為例，茅台建立的「生產商—各地經銷商—零售商—消費者」的分銷管道方式相對比較傳統。這種傳統的分銷方式非常便於銷售鋪貨，但同時也導致了各個環節的價格加成。茅台酒因為產量受限，大多數時候供不應求，終端市場的旺盛需求容易誘使經銷商加價。茅台酒為培養經銷商的忠誠度和凝聚力，曾經對經銷商做過不加價的承諾。所以從理論上來說，不管終端價格如何高漲，作為生產商的茅台，是無法從價格上漲中獲取超額利潤的，反而還要承受產品高價帶來的各方指責，也包括來自官方價格部門的警告和處罰。

如何解決這一問題？茅台於 2015 年推出了兩項重要的舉措：一是建立網路銷售管道，二是在中國開設一百家直營店。即在原有經銷商批發管道之外，增加「茅台—直營店—消費者」和「茅台—網路銷售—消費者」兩條銷售管道。但新矛盾隨之產生。首先，直營店方式直接介入市場，衝擊了舊有的分銷管道，損害了經銷商的利潤來源，引起了經銷商的不滿。其次，自營銷售管道需要付出更多的資源和成本，庫存、物流、經營管理等費用增加了行銷開支。最後，對於線上銷售管道，消費者並不買帳，因為怕買到假貨。

有沒有更好的解決辦法？應該說是有的。但茅台在這一問題上保持了足夠的清醒，在管道建設創新上十分謹慎。對於合作多年的經銷商，茅台一直視之為寶貴的資產。茅台酒是高端酒，消費群體相對固定，這是茅台不同於其他酒商的特徵，因而既有銷售網路和銷售商的人脈關係在終端銷售的作用不可替代。茅台並不想因管道重建失去合作多年的經銷商，更不願看到因渠道更新給競爭對手製造機會，影響自身品牌的發展。

另一個讓茅台對行銷創新持謹慎態度的原因，來自於消費者的假酒心理。茅台酒高額的利潤，導致終端市場假冒偽劣產品叢生，「市面上的茅台酒大多是假酒」的傳言也一直沒有間斷。儘管茅台酒價格高昂，但逢年過節親戚朋友相聚時買上一兩瓶茅台酒，很多人還是可以負擔的。對於消費者來說，最擔心的事情不是價格太高，而是買到假酒。儘管茅台出於維護品牌和消費者利益的需要，在打擊假茅台酒方面一直不遺餘力，但數量數倍於茅台酒的冒牌茅台酒始終在市場上遊蕩，從來就沒有消失過。因此，消費者在購買茅台酒時對管道來源十分看重。如此一來，傳統的銷售管道更容易獲得消費者的信任，因而有著新增管道難以比擬的優勢。

這就是茅台酒的獨特之處，不盲從、不跟風、不冒進、不自亂陣腳，充滿眾人皆醉我獨醒的自信。正是因為有了這種自信，才有了總是被模仿、從未被超越的事實。

茅台村——陳熙晉

村店人聲沸，茅台一宿過。家唯儲酒賣，船隻載鹽多。
矗矗青杠樹，潺潺赤水流。明朝具舟楫，孤夢已煙波。

05 走出河谷

經過 2013 ～ 2014 兩年的調整期，茅台不但安然渡過了白酒行業的大動蕩，而且在整個白酒行業業績劇烈下滑的大環境下，實現了逆勢上揚，交出了一份漂亮的成績單。

茅台集團 2015 年實現了利潤、市值雙雙超過國際酒業巨頭保樂力加的目標。總部設在法國的保樂力加集團，是全球頂尖的酒類生產商與銷售商，具有兩百餘年的歷史，目前在全球擁有七十二家生產企業，12,250 名員工。作為世界上最為強勢的酒業鉅子，保樂力加一直以來都是酒業的標杆，為全世界的酒企所仰慕。茅台集團利潤和市值雙雙超過酒業巨頭保樂力加集團，為中國企業爭了光！

這一年茅台集團的業績，在中國白酒行業更是可以用熠熠生輝來形容。茅台集團的營業收入僅占中國白酒行業總營收的 6%，但利潤占 31%，上繳稅金占 27%，資產總額占 18%。在經濟並不發達的貴州省，茅台集團以四百多億元的營業收入，為貴州省 GDP 超萬億的目標做出了重大貢獻，上繳利稅占全省公共財政預算收入的 11%。2015 年，茅台集團的營業收入占貴州省國資委監管的全部企業的 15%，工業增加值占 48%，利潤占比更是高達 88%。茅台集團在貴州省國資委監管企業中的一哥地位穩如磐石。

這一時期，中國經濟進入新常態，堅守和創新，成為適應和引領經濟發展新常態的重要力量。在這一大背景下，茅台集團保持著持續穩定的活躍用戶、業績增長和盈利預期，成為新常態下的經濟領域的榜樣。也在這一年，茅台的建功人物——季克良，榮獲中國食品工業協會頒發的「中國白酒歷史傑出貢獻人物」稱號，茅台酒同時榮獲「中國白酒歷史標誌性產品」。

鑒於茅台集團在貴州省經濟發展中舉足輕重的地位，貴州省委歷任主要領導，均對茅台集團寄予了極高的期望。

前任省委書記栗戰書高瞻遠矚，提出「一看三打造」的戰略願景：即未來十年中國白酒看貴州，貴州白酒看茅台；把茅台酒打造成「世界蒸餾酒第一品牌」，把茅台鎮打造成「中國國酒之心」，把仁懷市打造成「中國國酒文化之都」。茅台酒廠還是要以酒為主，以醬香型酒為主，同時利用融資能力開闢與酒相關的一系列產業，形成一個以酒為主，多方面發展的企業集團。

繼任省委書記趙克志，在 2013 年中國白酒行業全線下行的關鍵時期，對茅台集團做出了「三個轉型，五個轉變」的全盤部署，即在發展思路、行銷戰略、管理模式等三個方面努力轉型，儘快實現由公務消費向商務消費、由高端客戶向普通客戶、由專營專賣向直營直銷、由國內市場向國內國際市場並重、由被動行銷向主動行銷等五個方面的轉變。

剛剛由貴州省委書記，升任重慶市委書記的陳敏爾，殷切地希望茅台集團在繼承，創新中做好酒的文章，走出酒的天地，繼續堅持既定的戰略定位和思路，挖掘茅台酒的文化內涵和歷史積澱，形成獨特的工業旅遊資源，使茅台成為貴州第一、中國一流、世界知名的茅台酒文化旅遊聖地。

鞭策之下，茅台人的鬥志一再被激發。2016 年，茅台集團更上一層樓，實現銷售收入 508 億元，利潤 256 億元，上繳稅金 188 億元；茅台酒的銷量是 2001 年的 55 倍，系列酒的銷售量是 2001 年的 16 倍。

根據公開發布的財報，2017 年茅台實現營業收入 764 億元，相較於去年同比增長達 50.5％。全年的基酒產量達 42,771 噸，完成年計畫的 130.9％，一舉改變了產量徘徊不前的局面，為市場需求的持續升溫提升了供給能力。茅台的股票價格也持續上漲，2016 年以來上漲 111.59％，2017 年已連續數月位居全球烈性酒類企業第一。種種資訊顯示，茅台集團各項核心財務指標增勢強勁，再次印證了此前公眾對於茅台集團，整體進入良性增長通道的預判，並向打造具有全球影響力的知名酒商的目標，邁出了關鍵的一大步。

有了優良業績的激勵，茅台人自信滿滿地提出了下一步的發展目標。2018 年實現銷售收入九百億，茅台與系列酒實現銷售量共 12.75 萬噸（1：1 投放），茅台酒基酒產量 46,100 噸，利潤四百億元以上，稅收三百億，定制酒和出口量分別占到總銷量的 10％。到「十三五」規劃收官的 2020 年，實現白酒產量十四萬噸，其中茅台酒基酒產量五萬噸，整體營業收入達到千億元級，綜合效益穩居白酒行業第一，同時在集團內部培育兩到三家上市公司，進一步鞏固和提升世界蒸餾酒第一品牌的地位，把茅台集團打造成多元化的投資控股集團。

多年的辛勤耕耘，至此水到渠成。茅台集團在2013年的危機中，不但再一次承受住了考驗，順利度過短暫的危機，而且積多年修煉之功力，勇敢面對市場，化危為機，完成了從傳統管道向市場化的華麗轉身，跨大步地走出深深的河谷。

誠然，直到今天，茅台集團還不能算是一個超大型企業。如果以從業人員數、營業收入、資產總額等常規資料衡量，茅台集團與那些航空母艦式的巨型企業相比，並不起眼。

近年來，中國的一些企業在做大做強的口號鼓舞下，四面出擊，兼收併購，很快就產生了一批，貌似可以與國際工商巨頭比肩而立的巨型企業。2017年七月《財富》雜誌發布的世界企業五百強榜單中，中國上榜企業達到了115家，前十名中有三家中國企業，進入前五十名的中國企業有十二家。這些進入世界五百強的中國企業，即使排位最後的，年營業收入也在一千五百億元左右，是茅台的三倍之多。然而，進一步的分析不難發現，《財富》雜誌發布的世界五百強榜單是按銷售收入排名的，號稱五百強，實際上只是五百大。中國的上榜企業平均總資產收益率僅為1.65%，還有十家中國上榜企業的盈利為負，這顯然與世界五百強這一身分極為不符。

一個好的企業，其界定標準不應該只是銷售收入，更重要的應該是盈利能力。如果以盈利能力衡量，茅台集團則勝過所有上榜世界五百強的中國企業。茅台集團的毛利率最近五年一直維持在90%以上，遠高於白酒行業的平均毛利率66%。2016年茅台集團的淨利潤率高達45%，在中國的上市公司中穩坐頭把交椅，在全球也名列前茅。

以資源和實力而論，茅台集團並非不能迅速做大。但企業規模越大是否競爭力就越強，恐怕還是一個值得深入討論的問題。規模效應在很多時候確實能增強企業的競爭力，但只是構成競爭力優勢的要素之一。除此之外，競爭力要素還包括技術能力、行銷能力、商業模式、品牌運作、資源優勢等。更重要的是，一個企業是否做大規模，要根據企業的產品特點、細分市場等實際情況做出判斷，而不是一概而論地為擴大規模而擴大規模。很多時候，控制規模本身就是企業的一種戰略。

日本有一家叫作樹研工業株式會社的企業，1998 年成功研製出一種十萬分之一克的齒輪，獲得業界如潮好評。四年後，該公司又推出百萬分之一克的齒輪，震驚全日本乃至全世界。目前這家公司開發的粉末齒輪占全球超小齒輪市場 70%以上的份額。但這家公司是典型的小公司，其營業收入和資產總額與那些赫赫有名的世界五百強大公司相比，根本不值一提。該公司創始人松浦元男寫了一本名叫《小，我是故意的》的書，詳細介紹了自身的經營管理之道，向人們展示了這樣一種理念：世界上存在可以進行的競爭和不可以進行的競爭，有些企業不應該在價格、規模、品種上與其他企業爭勝負，而應重視技術、品質和財務。

西方企業界近三十年來，一直在關注那些與現代管理教條格格不入的「隱形冠軍」企業。這些「隱形冠軍」企業都有一個極其明確的目標，如要在某個領域成為全世界最優秀的一員，要麼在特定的細分市場占據最高的市場份額，要麼在技術和服務方面做到最出色，或者做市場的精神領袖，市場的遊戲規則由我們說了算等等。這些「隱形冠軍」企業大多專注偏執於自己經營的領域。面對全球化的競爭壓力，面對日益個性化的消費者群體，企業唯有透過自己能提供最好的產品，才有可能鶴立雞群、贏得客戶，這就需要極大的專注，近於偏執的專注。「隱形冠軍」企業克服了多元化的誘惑，非常注意限制企業的業務範圍，把自己的市場界定得足夠小，力圖在一個具體的產品或業務上形成絕對的競爭優勢，而在商業活動的地域分布方面，則選擇了寬廣、博大的視野。

茅台集團當然不同於樹研工業株式會社小到寂寂無名，也不同於那些「隱形冠軍」企業的營業收入那麼低，但在不以規模、數量競爭取勝方面，卻又與他們十分相似。作為一家高端白酒的釀造公司，競爭優勢無疑不是企業規模，也不是營業收入，而是奪取市場領導地位。對於茅台集團而言，市場領導地位的含義完全超出了市場份額的量化概念，而是包括企業實力、產品品質、技術創新、品牌力量、市場影響力等方面在內的綜合性優勢。

如果以經濟貢獻和社會責任來衡量，茅台集團早就走出了其產地那條深深的河谷，是名副其實的大公司。

貴州茅台股票長期占據 A 股第一高價股寶座。2018 年一月十五日，茅台股價再度刷新歷史紀錄，報收 799.06 元，逼近八百元關口，總市值突破萬億大關。自 2008 年 2 月茅台登上 A 股第一高價股至今，十年間 A 股第一高價之位易主十五次，唯有茅台表現最為穩定。雖然曾經數度讓出股王寶座，但又多次奪回，並且從2015年五月至今，一直雄踞第一高價股之位，傲視A股群雄。久而久之，A股茅台魔咒的說法不脛而走，即任何股價超過茅台的個股要麼除息除權主動降價，要麼被市場看衰致其股價走跌，難以再現精彩瞬間。

A股股王的背後是全球市值最高的酒廠，超過全球烈酒老牌冠軍——帝亞吉歐。來自英國的帝亞吉歐是全球領先的高檔酒業集團，業務區域遍及全球一百八十多個國家和地區，旗下擁有橫跨蒸餾酒、葡萄酒和啤酒等類別的一系列頂級品牌，是分別在紐約和倫敦證券交易所上市的世界五百強公司。在過去一年間，茅台股價暴漲超60%，接近帝亞吉歐漲幅的三倍，後者股價年度漲幅僅為22.59%。

多年來，茅台集團向中國上繳的利稅一直維持在較高水準。根據公開披露的資料統計，1998年以來茅台集團上繳的利稅總額超過一千億元，而實際支付的各項利稅費總額必然超過這一數字。在貴州，茅台近幾年上繳的利稅，每年都占到全省公共財政收入的11%左右，2016年更是達到了12%，人均創利稅達百萬元。在業內，自1998年至今的近二十年時間裡，茅台在利稅總額、上繳稅金、人均創利稅率等指標上都保持著行業第一的位置。

在承擔企業社會責任方面，茅台更是表現了大企業的大氣度，從而成為中國企業的一座標杆。茅台是行業內唯一連續八年主動面向社會公開發布《企業社會責任報告》的領軍企業，榮獲「中國工業行業履行社會責任五星級企業」稱號。二十世紀八〇年代，茅台開始投入鉅資積極引導當地農戶種植有機高粱，推進傳統農業向特色農業的轉變，並長年堅持以遠高於市場平均價格的優惠條件，收購本地農戶種植生產的有機高粱，僅此一項，茅台多支付的購糧款就以數億元計，帶動當地十萬農民走上小康之路。茅台上下游產業鏈的延伸，更間接帶動就業數十萬人。作為上市公司的茅台自 2001 年上市以來的十六年間，累計分紅已超過 430 億元，成為中國資本市場當之無愧的分紅王。作為企業公民，「十二五」以來，茅台累計投入二十三億元用於各種社會公益事業，成為中國企業承擔社會責任的重要標杆。為助推地方社會發展，茅台對各類公共事業機構如大學、醫院投資總額不下六十億元，對仁懷市和茅台鎮旅遊基礎設施的投入同樣一擲千金。茅台今年加速配合中國一帶一路布局，既是走向國際市場的行為，也是配合中國戰略的擔當之舉。茅台集團黨委書記、總經理李保芳認為，茅台是大品牌，因而必須有大責任、大擔當，必須在關注利潤的同時勇於承擔社會責任，這不僅是時代賦予茅台的使命，也是中國企業走向世界、不斷進步的必然。李保芳認為，新的時代應當賦予企業社會責任以新的內涵，龍頭企業、知名企業不能僅僅滿足於成為行業的標杆，更重要的是引領行業新風，促進行業整體壯大。作為白酒行業的龍頭老大，茅台酒廠真正的社會責任是引領白酒行業的共同發展、共同繁榮。

按照茅台集團的「十三五」規劃，到 2020 年，茅台的整體收入要達到千億元。以 2016 年營業收入 508 億元為起點，計算下來，要達到這一目標，未來五年內必須平均每年增長一百億元以上。曾經有人對這一增長目標表示出擔憂，認為增長太快，有脫離實際違背生產規律的可能。對此，李保芳發表了「輕鬆增百億」的觀點，從而打消了人們的憂慮：茅台的營業收入在 2016 年就比上年增長了九十二億元，在此基礎上再逐年增長一百億元何難之有？對茅台來說，每年增長百億元營收，無須投資其他專案，因為投資其他專案要實現上百億元產值，不僅投資甚巨，冒很大風險，而且回報期長，不論投資什麼專案短期內都不可能有茅台酒那麼好的回報率，所以只要保證茅台酒的出酒率，把控茅台酒的既有品質，再下好系列酒這盤棋，每年增加一百億元的營收是不會費太大力氣的。更何況，茅台酒的文化質量還沒有完全釋放出來，只要抓住機遇，全力謀劃，打好「文化茅台」這張牌，賦予茅台酒更豐富的文化內涵，就能大幅度提升茅台酒的品牌價值，使之成為茅台增長的新動力。

之溪棹歌（之一）——陳熙晉

茅台西望嶺千盤，估客行舟水上難。

怪底尋常行踒子，一篙直到馬蹄灘。

第二章

世間本無茅台酒

06 源頭話「酒」

酒作為人類古老的發明，算不上神奇，但就其對後世的深遠影響而言，完全可以稱之為偉大。世界各地都有酒，也有著早於文字記載的酒的傳說。

古埃及有酒神奧里西斯，古希臘有酒神戴歐尼修斯，古羅馬有酒神巴克科斯，中國也有黃帝、儀狄、杜康、吳剛等大神級酒的發明者。中國的一些野史類筆記中甚至記載：「黃山多猿猱，春夏采雜花果于石窪中，醞釀成酒，香氣溢發，聞數百步。」、「粵西平樂等府，山中多猿，善采百花釀酒……」

其實，誰也不知道最初的酒是如何誕生的。所有關於酒的起源的說法都出自猜測和傳說。比較合理的畫面是：遠古時代，人們採集的果實在維持基本生活後有了剩餘，儲存時果實變質發酵，最終被發現其中能使人產生愉悅感的物質，這就是最原始的酒。史前時代人類的釀酒活動，只是簡單地重複大自然的自釀過程。人類有意識的釀酒活動，應該是進入農業文明之後才開始的。人類有了比較充裕的糧食，有了製作精細的陶製器皿，並學會控制發酵，逐漸形成釀酒工藝，釀酒生產才成為可能。

酒的主要成分是酒精，有了酒精就有了酒。酒精的生成過程極其簡單：糖或澱粉在酶的作用下即可轉化為酒精，加上同時產生的衍生物便可以合成酒。這一過程在自然條件下即可完成，也就是說，最初的酒，其實就是含糖物質在酵母菌的作用下自然形成的有機物。自然界本來就存在著大量的含糖野果，在空氣、塵埃和果皮上都附有酵母菌，在適當的水分和溫度等條件下，酵母菌就有可能使果汁變成酒漿。

全球各地現存的酒種類繁多，但就生產方法而論，無外乎兩種：釀造酒（發酵酒）和蒸餾酒。釀造酒是在原料發酵過程即將完成時，稍加處理即可飲用的低度酒，如葡萄酒、啤酒、黃酒、清酒等就屬於這一類，因釀造工藝相對簡單，所以在歷史上出現較早。蒸餾酒是在原料發酵完成後，再經蒸餾而產生的高度酒，中國白酒、白蘭地、威士忌和伏特加等屬於這一類，因釀造工藝較為複雜，因而在歷史上出現較晚。

無論源自何時，產自何方，酒自問世以來，一直就扮演著「神」和「鬼」的雙重角色。有人稱之為玉液瓊漿，有人稱之為穿腸毒藥；善飲者或被譽為英雄豪放，或被誣作酒色之徒；三杯下肚，有人神采飛揚、激情燃燒，有人愁眉苦臉、痛不欲生；文人騷客對酒當歌詩興勃發，販夫走卒借酒澆愁、發瘋撒野；豪傑之士借酒施展才略，可以論英雄、釋兵權、成霸業，普羅大眾以酒迎來送往，亦可訴衷腸、忘榮辱、齊生死……

中國作為文明古國，自然也有著歷史悠久的釀酒文明，但與世界上其他地區一樣，中國人的釀酒活動究竟始自何時，誰才是發明酒的始祖，都還是一本糊塗賬。黃帝造酒、儀狄始作酒醪、杜康作秫酒這些流傳已久的說法，都缺乏足夠的史料資以佐證，以訛傳訛的成分較多。至於上天造酒、猿猴造酒等神奇的說法，應該是人們對於自然釀酒機理的一種演繹，更是不足以成為釀酒文明之信史。儘管這些傳說不足為信，但並不影響人們利用這些美麗的傳說，為他們的釀酒事業增添文化內涵和傳奇色彩。比如人們就在傳說中的杜康造酒之處——河南的伊川縣和汝陽縣分別建立了頗具規模的杜康酒廠，產品就叫杜康酒。兩家杜康酒的產品合在一起，年產量已達數萬噸。

有文字記載的酒史，大約始自《詩經 · 七月》，其中「八月剝棗，十月獲稻，為此春酒，以介眉壽」的詩句，描述了人們在秋收後用稻穀釀酒的情形。《史記》中也有紂王「以酒為池，懸肉為林」的記載，同時還有關於西域用葡萄釀酒的記述。

無論中國的釀酒歷史始自何時，有一點是可以肯定的，至少在元代以前，所謂的「酒」都是發酵酒，釀造工藝簡單，技術粗糙，酒的度數較低。正因為度數較低，才有了酒池肉林、張飛日夜飲酒、李白鬥酒詩百篇等豪飲傳說。換成採用蒸餾技術釀造出來的高度酒，就不會有武松豪飲十八碗，還能空手打死老虎的英雄故事了。

中國的蒸餾酒技術究竟起源於何時？現今眾說紛紜，東漢、唐、宋、元等若干起源說都能找到一些證據。但縱觀史書文獻，宋代之前並無蒸餾酒或與蒸餾酒相關的明確文字記載。宋以前的燒酒，一般指低溫加熱處理的穀物發酵酒；「蒸酒」說的也不是蒸餾酒，而是指對酒加熱，以便滅菌防腐，長期存放。而元代出現蒸餾酒技術的說法，則既有當時的一些文字記載佐證，也有後世的考古發現加以證明。《本草綱目》記載：「燒酒非古法也，自元時創始，其法用濃酒和糟入甑（蒸鍋），蒸令氣上，用器承滴露。」江西李渡無形堂燒酒作坊遺址，被認為是元朝延續時間較長的釀制蒸餾酒的作坊，保留有元代的酒窖和地缸發酵池。釀酒史學家王賽時認為，蒙古人遠征中亞、西亞和歐洲的過程中，將西方的蒸餾酒技法從陸路傳入中原，中國才開始有了真正意義上的蒸餾酒。元以後直至明清時期，文學作品中像李白、武松那樣的豪飲者記載甚少，從另一個側面證明中國已經有了蒸餾酒技術。採用中國傳統發酵方法獲取的酒，度數難以超過二十度，有些酒量大的人喝掉三五斤當然不是問題。蒸餾技術傳入後，利用酒液中不同物質具有不同揮發性的特點，把最易揮發的酒精蒸餾出來，能獲得最高濃度約 70%的酒。酒精度數如此之高，動輒十七八碗的豪飲者自然不復存在。

採用新的方法蒸出來的酒，最初被元代人稱為阿刺吉酒。這種叫法源於外來詞彙的音譯，有「出汗、燒酒」的意思。燒酒一詞作為中國蒸餾酒的主稱謂，一直沿用到二十世紀四〇年代。新中國成立後，統一用白酒這一名稱代替了以前所使用的燒酒、高粱酒等稱謂。據傳，之所以改稱「白酒」，一是因為它有著無色透明的液態，二是因為它的釀制與勾調工藝和中國傳統繪畫中的「白描」有異曲同工之妙：顏色單一、樸素簡潔、質感純正。

雖然蒸餾技術傳入後，中國式的燒酒已經被釀造出來，但自元代至明代，甚至到清代中期，在中國喝燒酒的人還為數不多。或許，中國人的嘴巴和腸胃一時還接受不了跨度如此之大的酒精度數變化，燒酒的市場份額，遠遠趕不上用中國傳統方法釀造出來的黃酒。

整個明代，黃酒因其釀造工藝更趨成熟和完美，因而在釀酒行業占據絕對的支配地位。不同地域逐漸形成不同的釀造風格，也成為當時釀酒業的最大特徵。南方產酒區和北方產酒區處於長期競爭和對峙狀態，這就是中國酒史上奇異的「南酒北酒時代」。

北酒產區以京、冀、晉、魯、豫為代表，地域廣大，生產工藝非常傳統，號稱尊尚古法。北方好飲者多，酒量也相對較大，所以北酒的產量高，消費量也高。滄酒為北酒之冠，自明代起就盛名遠揚，「滄酒之著名，尚在紹酒之前」。清代中期，燒酒開始流行，滄酒的知名度仍然很高，在很長的一段時間裡，依然是人們互相饋贈的禮物首選。易酒則得益於易州水質，被形容為「泉清味洌」，在明末清初之際名聲達到頂峰，京城的坊間酒肆十分流行。人們談及北酒，時常將易酒、滄酒並列首位。此外，在出產汾酒的山西，黃酒也極為流行，太原、長治和臨汾的襄陵，都出產上好的黃酒，襄陵酒還在酒麴中添加藥物，非常有個性，當時的知名度一度超過了汾酒。隨著時間流逝，北派釀造工藝和遺跡蕩然無存，如今的人們早已不知道河北等地還曾經是著名的黃酒產地。

南酒的核心產區在江浙一帶，厲行開發新產品、創新新工藝、使用新技術，比如紹興黃酒的釀造過程就採用了很多不同於傳統方法的新技術。南派黃酒的另一個典型特徵是有統一的酒譜條例，各家酒坊很快在釀造程式上達成一致，暗合了現代生產管理中所說的流程化、標準化。如此一來，南酒很快形成整體風格，並逐步在北方推廣。從清初開始，紹興黃酒品質大幅度提高，逐步進入全盛時代，紹酒開始分設京莊和廣莊，京莊供應京師，貨源為紹酒上品，廣莊產品則銷售遠到廣東、南洋等地。到了清代中期，南酒打敗北酒，成為人們相互饋贈的貴重禮物。除此之外，另一個客觀因素也成就了南酒。南酒運往北方，經歷寒冷不會變味，而北酒運往南方，碰到酷暑則會變質。南酒中著名的花雕、太雕、女兒紅的產地浙江紹興府一帶，水土適合釀造黃酒，釀酒工藝統一，家家戶戶皆釀酒，大型作坊很多。

直到此時，燒酒的飲用範圍還只局限在平民階層，上流社會的飲酒時尚還是黃酒。黃酒與燒酒的價格差異也很大，「黃酒價貴買論升，白酒價賤買論鬥」。在口感上，低度的黃酒很甜，不像燒酒那麼辣，可以當作日常飲料，老少皆宜，所以頗受歡迎。在觀念上，當時許多人認為，只有出身底層的人，才喜歡那種酒精度數很高的燒酒飲料，以尋求刺激。如此一來，自元代至清代的幾百年間，燒酒在中國一直默默無聞，始終無法動搖黃酒的支配地位，更不用說占據優勢了。

清代康熙以後，燒酒才越來越被人們接受，產量逐年增加，並最終超過黃酒，頻繁出現於中國人的餐桌。

燒酒得以流行，不是因為飲酒者的口味發生了變化，而是緣於經濟因素的刺激。清代初期黃河治理，中下游「束水沖沙」，需要大量秸稈，導致高粱種植面積增加。高粱作為食物口感較差，但蒸餾出來的酒，其品質遠高於其他糧食釀造的酒，酒精度數也更高。於是，以高粱為原料釀制燒酒，便成為消化這些雜糧最有效的途徑。清中期之後，戰亂四起，農作物收成受到影響，黃酒的釀造原料黍米和糯米為百姓食用尚且不足，導致黃酒產量驟減。高粱不宜食用，釀酒反而能夠為百姓帶來額外收入。而且，這一時期社會經濟不斷衰退，人們的生活水準下降嚴重，飲用成本較低的燒酒便成為人們的首選。黃酒的酒精度數低，價格高，大量飲用不易醉，飲酒成本很高；燒酒酒精度數高，價格低，易醉，不宜多飲，飲用成本較之黃酒大為降低。最終，人們的飲酒習慣發生了改變，燒酒經過數百年的掙扎，終於戰勝黃酒，成為中國人主要的酒精飲料。

燒酒的高度數曾經是中國人抵觸它的主要因素。頗為奇特的是，高度燒酒一旦被接納，便一發而不可收拾。越來越多的人開始追求燒酒帶來的強烈刺激，以致酒精度數越高，越被認為是好酒，善飲者更是非高度酒不飲。隨著人們對酒精度數的追求，到了後來，燒酒的釀造就演變成酒精度數的競爭。作為清代大詩人同時也是大美食家的袁枚，在其烹飪名著《隨園食單》中寫道：「既吃燒酒，以狠為佳……餘謂燒酒者，人中之光棍，縣中之酷吏也，打擂臺非光棍不可，除盜賊非酷吏不可，驅風寒，消積滯，非燒酒不可。」

燒酒最初的黃金時代到來時，中國的北部地方是燒酒的生產地。北方燒酒又以山西最為興盛，山西又以汾陽地區的燒坊數量和產量為最多。最早流行的著名燒酒是山西出產的汾酒，當地人稱為火酒。「市賣之酒，以汾酒為多」。清代小說《鏡花緣》借酒肆粉牌列出的五十五種清代燒酒中，汾酒排在第一。凡是產酒量較少的地方，需要購買外地燒酒的時候，人們大都會選擇汾酒。

當時的燒酒尚無品牌概念。飲酒者上至達官貴人下至平民百姓，對品牌也沒什麼追求。北方人喝老白乾、喝山西人經營的大酒缸、喝二鍋頭；南方人喝雜糧酒、大麴酒。沒有一種燒酒可以行銷全中國而人人皆知，也沒有一種燒酒可以名重天下而難求一飲。有人認為，不必拘於喝什麼酒，任何一種酒時間喝長了都是好酒；也有人認為，只要入口沒有暴氣，兩杯入肚能得微醺，就算合格的酒，超過限度追求名牌，用高價換取入口那一剎那的香醇，並不值得。

直至民國，西南地區的燒酒才千呼萬喚始出來，隆重登上中國酒業歷史的舞臺。先是貴州茅台於萬山叢中一騎殺出，以參展巴拿馬萬國博覽會並獲金獎為契機，逐漸為世人所知。瀘州大麴、綿竹大麴、全興大麴等四川大麴酒緊隨其後，漸成氣候。郎酒、五糧液後來居上，奮勇躋身名酒之列。抗戰開始後，當中華民國國民政府遷都重慶，西南地區人口暴漲，外界的燒酒又因戰爭無法進入該地區，於是，西南地區的燒酒產量迅速增長，並在眾多達官貴人、文人騷客的追捧下名聲大振。「外交禮節，無酒不茅台」之說其實始自民國，西安事變時，周恩來從延安飛赴西安，張學良宴請用酒就是周恩來喜愛的茅台；抗日戰爭勝利後，毛澤東飛赴重慶談判，蔣介石待客之酒也是茅台。1935 年，萬里長征中的中國工農紅軍在茅台鎮三渡赤水，結下了與茅台酒的不解之緣，為茅台酒日後的國酒地位做了鋪墊。此為後話，下文將詳細述及。

仲複諸友集雲麓精舍飲蘆酒（節選）——蕭光遠

有酒有酒制異常，不鍈不鄒品自良。施以文火灌熱湯，
截蘆為管隨短長。呼僮抱缶置之堂，以管插入缶中央。
大人先生拱其旁，俯而就之頭勿昂。引而吸之口微張，
力爭上游如倒峽。不待酒泉封渴羌，挹注時出腹難量。
從辰酣飲到夕陽，把手點頭略輩行。

07 茅台鎮上的燒酒

和中國其他的產酒區一樣，地處貴州北部大山之中的茅台鎮也有著悠長的釀酒傳說，但究竟始自何時，其實無據可考。

與茅台鎮釀酒相關的傳說最早可追溯到秦漢時期，並且與西漢開國皇帝劉邦以及他的曾孫，著名的漢武大帝相關。

相傳楚漢相爭時期，劉邦麾下的部隊有大量濮獠籍士兵，濮獠人世居之地即今天的茅台鎮。濮獠士兵攻城拔寨，神勇異常。更為奇特的是，劉邦的大軍從南方轉戰到北方後，許多將士水土不服，唯獨這些濮獠士兵適應環境很快，為劉邦屢立戰功。細究之下，原

來他們常喝從家鄉帶來的一種能提神壯膽、祛病強身的神水，這神水就是枸醬。

有人據此推測，至少在漢代以前，茅台鎮就能釀造一種叫「枸醬」的酒。然而，這畢竟只是一種傳說，於史無據，而且很多細節經不起推敲。大量的從軍士兵從貴州老家攜帶大量的枸醬酒轉戰南北？這種在現代戰爭中才能滿足的後勤供應，在兩千多年前的秦漢時期是無法想像的。

另一個說法出自《史記 · 西南夷列傳》，與漢武帝劉徹相關。西元前 135 年（西漢建元六年），西漢使節唐蒙出使南越，在接受宴請時第一次喝到枸醬酒，感其味美因而追問從何處來，對方回答來自西北牂牁。這個西北牂牁大約就是茅台鎮今天的所在地仁懷市。唐蒙回到長安後進一步查問西北牂牁，得知「浮船牂牁江」可出其不意直擊南越首都番禺，於是向漢武帝獻計經牂牁江進攻南越。獲得認可後，唐蒙受命出使牂牁江邊的夜郎國，商談借兵借道。唐蒙極有可能在這次出使中再次品嘗到了美味的枸醬酒，並帶回長安，才有了漢武帝「甘美之」的讚揚。不過，關於唐蒙在夜國第二次喝到枸醬酒，並帶回長安獻給漢武帝飲用的軼事，史書記載並不詳細。

清道光年間，仁懷直隸廳同知（大致可理解為貴州省直屬仁懷辦事處負責人）陳熙晉曾寫過一首詩談及此事：「尤物移人付酒懷，荔枝灘上瘴煙開。漢家枸醬知何物，賺得唐蒙鰼部來。」正是這首詩，證實了唐蒙為枸醬酒而來的事蹟。

2011 年五月正式上世的漢醬酒，就是茅台酒廠依據這段歷史記載傾力打造的重點產品。在此之外，茅台鎮另有一家枸醬酒廠，其名稱應該也與這段歷史相關。

枸醬酒雖然貴為茅台酒之源頭，但與今天的茅台酒相比絕對天差地別。釀酒技術發展的歷史表明，蒸餾酒工藝在兩千多年前的西漢尚未問世，據此即可斷定，彼時的枸醬酒應該屬於發酵酒。茅台是古代濮獠部落的世居地，至元末明初才正式命名為「茅台村」。當地史志族譜雖然不乏勤勞勇敢、開荒破草、生產進步、市面繁華的記載，但真正的富裕繁榮應該是明代以後的事情。傳說茅台地區在十六世紀末就有釀酒作坊和工藝，也與這一史實相吻合。畢竟釀酒業與食品剩餘息息相關，在吃飯問題尚未解決的情況下，不可能出現規模化的釀酒產業。

雖然在十八世紀初的康熙年間，就有釀酒業興旺景象的描述，以及回沙釀酒工藝已臻成型的記載，但茅台鎮真正為外界所知卻是十八世紀中葉。而且，如今以酒聞名天下的茅台，最初作為黔北名鎮而為世人所知，並非緣於釀酒，而是因為鹽運。

清朝乾隆十年（1745 年），貴州總督張廣泗上奏朝廷，請求開鑿赤水河道，以便川鹽入黔。工程歷時一年完工後舟楫始通，瀕臨赤水河的茅台鎮成為黔北重要的交通口岸。四川食鹽經赤水河道運入，至茅台起岸，稱仁岸，茅台鎮始為川鹽入黔四大口岸之一。由於水陸暢通，八方商賈雲集，運鹽馬幫和舟楫絡繹不絕，市場繁榮，茅台成為「蜀鹽走貴州，秦商聚茅台」的繁華集鎮。作為黔北物資的主要集散地，貴州省三分之二的食鹽由此起運送往各地，茅台鎮由是名聲在外。

鹽業的發展，刺激了釀造業的發展和釀酒技術的提高。最初，人們在茅台鎮上的各個鹽號出售自釀的燒酒，供來往的商客民夫享用。因為燒酒口感佳，芳香獨特，慢慢地就隨鹽一起被馬幫運往外地銷售，「家唯儲酒賣，船隻載鹽多」。隨著燒酒外銷範圍的不斷擴大，茅台鎮的釀酒業快速發展，並逐漸在聲望上超過鹽業。到嘉慶年間，茅台鎮的釀酒業已有了比較大的規模。《遵義府志》記載：「茅台酒，仁懷城西茅台村制酒，黔省稱第一。……茅台燒坊不下二十家，所費山糧不下二萬石。」到 1840 年，茅台地區白酒的產量已達一百七十餘噸，創下中國釀酒史上首屈一指的生產規模。茅台酒回沙釀造的獨特工藝至此已基本成熟。

茅台鎮釀造燒酒的場所，一直以來都被稱為燒坊。最初的燒坊極其簡陋，一般由制曲、發酵、烤酒、儲存等幾個部分組成。所用設備也只有用於制曲的模具、用於發酵的窖池、用於烤酒的酒甑以及用於儲酒的大陶瓷甕幾樣。燒坊的規模普遍較小，占地千餘平米就算大燒坊，一般為前店後廠布局。釀酒的全部工序均由人工作業完成，因而燒坊產量有限，大多數燒坊年產原酒不過幾百斤，後期才有少量年產萬斤以上的燒坊出現。

茅台鎮的燒坊始於何時尚無明確考證。在現存於茅台鎮的一部編撰於明代的《鄔氏族譜》扉頁，繪有鄔氏家族住址的地形圖，其中就有釀酒作坊的標注。該族譜所載鄔氏是明代萬曆二十七年（1599 年）隨李化龍平定動亂後定居茅台的，這說明茅台在 1599 年前後就有了釀酒的正規作坊。

1990 年在茅台鎮至仁懷縣城的三百梯段出土一塊石碑，碑上刻有「清乾隆四十九年茅台偈盛酒號」字樣，說明在 1784 年以前，「偈盛酒號」已經形成一定規模。相傳「偈盛酒號」早在康熙四十二年（1704 年）就將其生產的燒酒正式命名為茅台酒。除此之外，有關「偈盛酒號」的文字記載鮮見於世。臺灣生產的玉山茅台酒號稱源自「偈盛酒號」，但一般認為附庸的可能性較大，可信度不高。

另一家有考證依據的是「大和燒坊」。現存茅台鎮楊柳灣一尊建於清嘉慶八年（1803 年）的化字爐上，鑄有捐款人名單，其中有一家酒坊名叫「大和燒坊」。根據這一資訊，人們推測，「大和燒坊」應該是茅台鎮早期規模較大的釀酒作坊之一。和其他早期燒坊一樣，與「大和燒坊」相關的其他文字資料並無多見。

1854 年黔北桐梓農民起義，清朝派兵前來清剿。隨後兩年間，茅台鎮數度成為戰場，村寨皆夷為平地。郇氏酒坊、偈盛酒號、大和燒坊應該就是在這一時期毀於兵火。茅台燒酒為傳統工藝釀造而成，燒坊既毀，工匠猶存，茅台鎮永遠也不缺品質上乘的燒酒。十九世紀六〇年代，出走天京的太平天國名將石達開七度經過仁懷，寫下「萬傾明珠一甕收，君王到此也低頭，赤虺托起擎天柱，飲盡長江水倒流」的千古名句，想必是喝了不少茅台燒酒後的乘興而作。

清朝同治年間，茅台鎮上的燒坊在經歷戰亂之後重建。這之後，先後出現了三家稍具規模的燒坊：成義燒坊、榮和燒坊、恒興燒坊。

成義燒坊原稱成裕燒坊，同治元年創立，創始人為咸豐年間舉人華聯輝。華聯輝原籍江西臨川，其祖上在康熙末年來貴州經商後定居遵義。華聯輝本是貴州首屈一指的大鹽商，開設鹽號「永隆裕」。華的祖母彭氏，於多年前飲用過茅台鎮味醇而香的好酒，念念不忘之下，囑其孫外出經商時為其尋訪購買。華聯輝到茅台後，正發現一處燒坊被夷為平地，於是買地找酒師，在原址上建起了烤酒作坊。釀出的酒經祖母品嘗，確定正是她年輕時喝過的美酒。於是，華聯輝決定設坊長期烤酒。起初，華家的酒僅供家庭飲用和饋贈、款待親友，年產不過百餘斤；後來，求酒者紛至遝來，頗有商業頭腦的華聯輝立即擴建燒坊對外營業，並將燒坊改稱「成義燒坊」，將燒酒起名「回沙茅酒」。經三代經營規模不斷擴大，巴拿馬萬國博覽會獲金獎之後年產量擴大到九千公斤，1944 年川黔、湘黔、滇黔公路相繼通車後年產量高達兩萬一千公斤。成義燒坊生產的回沙茅酒因其創始人之名而俗稱「華茅」，也就是 1915 年獲巴拿馬萬國博覽會金獎的產品。

成義燒坊創立十多年後，石榮霄、孫全太和王立夫（天和鹽號掌櫃）等三位元遵義地區的地主合股創建一家聯營燒坊，取「榮太和燒坊」名號。1915 年孫全太退股，燒坊去「太」字更名「榮和燒坊」。1927 年王立夫病逝，燒坊主要由石榮霄掌管。「榮和燒坊」年均最大生產能力一萬兩千公斤以上，但由於管理不善，常年產量僅有五千公斤左右。石榮霄原本姓王，後隨石姓養父而改現姓，到了繼承燒坊產業的孫子一輩，複歸本姓。榮和燒坊生產的燒酒因此俗稱「王茅」，1915 年茅台酒獲巴拿馬萬國博覽會金獎也有王茅的功勞，當時，成義燒坊和榮和燒坊的產品同以「中國貴州茅台酒」的名義參展。

榮太和燒坊成立後又過了半個世紀，茅台鎮上另一家有著重要歷史地位的燒坊才突然出現。1929年，貴陽人周秉衡在茅台創辦「衡昌燒坊」，後因其從事的鴉片生意破產，酒房流動資金被挪用還債，生產處於半停滯狀態，一拖就是八年。到1938年，才與民族資本家賴永初合夥組成大興實業公司，賴出資八萬銀圓，周以酒房作價入股，擴大生產規模。1941年，衡昌燒坊所有股份都歸到賴的名下後，被更名為恒興燒坊，到1947年時年產酒量達32,500公斤。賴永初自小當學徒、小販，靠經營當地特產發家，到中國解放前夕已是貴陽一方新貴，在貴陽已開設銀行、經營礦產並躋身政界，當上了貴陽市參議員。賴永初現代意識較強，不僅採用了方便攜帶的酒罐，還設計了精緻的包裝圖案，並註冊了「賴茅」商標，不斷打廣告和促銷，產品一度行銷香港。其產能萬國博覽會也後來居上，遠超華茅和王茅。「賴茅」創建之時，茅台酒在巴拿馬萬國博覽會獲獎已經十多年了，所以賴茅與巴拿馬萬國博覽會金獎無關。但它是新中國成立前茅台鎮上最具實力的燒坊，也是後來茅台酒廠的重要組成部分。

雖然恒興燒坊與巴拿馬金獎無關，但因其後來者居上的不凡實力，所以取得了與成義、榮和兩家燒坊同樣的地位，三家燒坊的產品都稱為茅台酒。1947年三月出版的《仁聲月刊》同時登載了三家燒坊的廣告，在格式上幾乎沒有區別。首行文字無一例外地冠以「真正茅台酒」，之下再分別標出自己的廠名，然後以放大的字體分別標出「華茅」、「賴茅」、「王茅」字樣，末行是各自的廠址與電話號碼等內容。「三茅鼎立」的局面一直延續到二十世紀五〇年代初期才合三為一，後來名滿天下的茅台酒廠就此誕生。

之溪棹歌（之二）——陳熙晉

尤物移人付酒杯，荔枝灘上瘴煙開。
漢家枸醬知何物，賺得唐蒙習部來。

08 「燒坊」釀出的巴拿馬金獎

1915 年，美國為慶祝巴拿馬運河通航，在美國西部城市三藩市舉行巴拿馬太平洋萬國博覽會（簡稱巴拿馬萬國博覽會）。巴拿馬萬國博覽會從 1915 年二月二十日開幕，到十二月四日閉幕，展期長達九個半月，總參觀人數超過 1,800 萬，開世界歷史上博覽會歷時之長、參觀人數之多的先河。

主辦方早早地就向當時中華民國北京政府發出了參展邀請，並提前一年派出使節到北京遊說中國組團參展。此時，中華民國政府成立不久，雖說國內政局仍然動盪不安，但中華民國北京政府還是將此事作為推動中國走向國際舞臺的一件大事。新成立的農商部於1914年四月專門組建籌備巴拿馬賽會事務局全權辦理此事。各省也相應成立了籌備巴拿馬賽會出口協會，制定章程，徵集物品。兩個月後，農商部派員分三路前往各省審查徵集到的十多萬件參賽展品。

茅台鎮成義燒坊的華茅酒、榮和燒坊的王茅酒作為貴州省的名優特產也在參展產品候選之列。農商部在審查時，決定將華茅、王茅合併，統稱「茅台酒」，以「茅台造酒公司」的名義送展。

巴拿馬萬國博覽會上，有很多國家送展的各類酒品，來自世界各地的名酒如雲。雖然茅台酒包裝簡樸，在眾多參展酒品中毫不起眼，但因品質上乘，香味醇厚，最終還是征服了展會的評酒專家，獲得金獎。

關於茅台酒獲巴拿馬萬國博覽會金獎，有一個傳誦很廣的「怒摔酒瓶」的故事。首次參展的茅台酒由於包裝過於普通，在展會上遭到冷落，來自西方的評酒專家對中國美酒不屑一顧。就在評酒會的最後一天，一位中國代表眼看茅台酒評獎無望，心中很不服氣，情急之下突生一計，他提著陶罐包裝的茅台酒走到展廳最熱鬧的地方，裝作失手，將酒瓶摔破在地。頓時濃香四溢，吸引不少人圍觀。中國代表乘機讓人們品嘗美酒。此事很快成為一大新聞傳遍整個展會會場，茅台酒陳列處一時人滿為患，搶購者甚眾。茅台酒的香氣當然也驚動了評酒專家，他們不得不對來自中國的名酒重新品評。最終，茅台酒獲獎載譽而歸。

這個美麗的故事之所以至今還在被人們傳誦，是因為大家都認為，巴拿馬萬國博覽會金獎為茅台酒的功成名就立下了汗馬功勞。但以今天的眼光來審視，茅台酒成功的根本原因還是在於它優秀的品質。自巴拿馬萬國博覽會獲獎以來的百餘年間，茅台酒在國內外獲得各種獎項無以計數，在各式各樣的行業排行榜上一直名列前茅。一些獎項無論是質量還是影響力，都遠遠超過巴拿馬萬國博覽會金獎。自 1953 年透過香港、澳門轉口銷往國際市場以來，如今的茅台酒遍及世界 150 多個國家和地區，成為中國出口量最大、出口國家最多、噸酒創匯率最高的傳統酒類商品。茅台早已超越了百年前蹣跚學步時的視野和水準，與全球一線品牌比肩而立。百年萬國博覽會來的輝煌成就充分證明，茅台酒獲得的成就實至名歸。

巴拿馬萬國博覽會獲金獎之後，茅台酒雖然名聲大振，但並沒有因此而發生突破性的飛躍。茅台的各大燒坊依然在簡陋破舊的作坊裡生產著世界上最美味的燒酒。因價格較高，茅台酒依然在普通老百姓的餐桌上難得一見，更多的人認為如此昂貴的酒類與他們的生活關係甚少，所謂蜚聲中外也不過在有限的圈子內傳播，中國的絕大多數人，甚至包括一些骨灰級酒友在內，此時並不知茅台酒為何物，更有部分地方的酒友對茅台酒的香味並不買賬。

然而，熟知茅台酒的人已經重新認識到茅台酒的價值，並且隱約感覺到了茅台酒未來發展的潛力。茅台酒在爭執與調和、保守和革新、被重視和被忽視、受讚揚和受排斥中徘徊。

巴拿馬萬國博覽會獲獎後，王茅和華茅都想擁有這塊具有歷史價值，並有可能帶來巨大經濟價值的獎章。雖然當初送展的茅台酒由王茅和華茅分別提供，但在農商部審查時，考慮到兩家產品在香型和工藝上相差無幾，為避免雷同，也為與國際慣例接軌，最終將兩家產品合二為一，以一個產品名號送展，並且擬造了一個並不存在的茅台造酒公司作為生產機構。如今，僅有的一塊獎章如何處置？雙方爭執三年仍無定論，最後只好對簿公堂。仁懷縣政府也深感為難不能裁決，只好呈報貴州省公署。1918 年，省政府專門下發《貴州省長公署令》，裁決這次獲獎紛爭：「查此案出品時原系一造酒公司名義，故獎憑、獎牌謹有一份。據呈各節，雖屬實情，但當日既未分別兩戶，且此項獎品亦無從再領，應由該知事發交縣商會事務所領收陳列，勿庸發給造酒之戶，以免爭執而留紀念。至榮和、成裕兩戶均系曾經得獎之人，嗣後該兩戶售貨仿單商標均可模印獎品，以增榮譽，不必專以收執為貴也，仰即轉飭遵照。」至此，獎章歸屬官司終結，兩家共用至尊榮譽，王茅、華茅兩家把酒言歡，均以摘取巴拿馬萬國博覽會金獎自居，並在上海《申報》等媒體做了廣告宣傳。為慶祝這次大獎，兩家還各自封壇入窖存酒。該批封壇酒在 1995 年紀念巴拿馬萬國博覽會八十周年慶典時，由茅台酒廠以「八十年陳釀茅台酒」為名隆重推出。

民國年間，每瓶茅台酒在貴州的售價在二塊銀圓上下，高於小學教員月薪。如此高價，只有達官貴人才能享用，普通百姓只能聽聽他人對茅台酒名貴與美妙的渲染。二十世紀二十年代曾短暫主政貴州的軍閥周西成，在貴州官場和民間都有著較高的聲望。他在執掌貴州軍政大權期間，對內發展交通、整理財政、鼓勵實業、懲治貪汙，對外防範兵災、肅清匪患，短短的三年就改變了長期以來人們對貴州的落後、貧窮、戰亂、無為的印象，將這個居於西南一隅而埋沒於世的小小省份，帶入全國先進省份行列，被國民政府褒揚為「南黔北晉，隆治並稱」。但周西成有兩個為人詬病之處：一是任人唯親，大量任用桐梓老鄉為政府官員；二是偏好茅台酒，經常大量收購茅台酒，作為貴州特產送給省外達官貴胄。貴州民間曾有對聯譏諷：內政方針，有官皆桐梓；外交禮節，無酒不茅台。這也從側面印證了一個事實：茅台酒此時就已經成為軍閥巨賈宴席上的珍品。

當然也有不識貨的。1935 年，武漢綏靖辦主任何雪竹到四川說降西南軍閥劉湘，回程時，劉湘送了他大批的回沙茅台酒。這批回沙茅台製作精良：酵池縫隙用上等河泥抹平，拌上糯米漿保證密封，確保發酵後的酒沒有火氣；然後用小型陶罐包裝，外用桑皮紙封口。喝慣了江南黃酒的何雪竹對茅台酒並不欣賞，所以對這批酒沒有絲毫興趣，反而覺得陶罐很土氣，帶回武漢後扔在一邊一直沒喝，很久以後，待酒都揮發了一半，才想起來轉贈他人。

1946 年，茅台鎮的後起之秀「賴茅」利用其他生意上的資源，在上海、重慶、漢口、廣州和長沙等地設立商號推銷茅台酒，取得了不錯的銷售業績。受賴茅的啟發，成義燒坊也嘗試在中國的一些大城市銷售自己出產的華茅，榮和燒坊則在重慶和貴陽等地透過老字號「稻香村」銷售王茅。直到此時，茅台酒的外銷才稍有起色，但依然處於低迷狀態，銷售成績最好的賴茅，在上海銷量最高峰的年分也不過一萬斤。

真正把茅台酒巴拿馬萬國博覽會金獎的價值，發揮到極致的是後來成立的茅台酒廠。新中國成立之初茅台酒廠成立以後，主打巴拿馬萬國博覽會金獎這張牌，把巴拿馬萬國博覽會金獎作為茅台酒走出茅台鎮、走出貴州、走向全國、走向世界的第一張名片，全力挖掘其中的歷史價值，賦予茅台酒更豐富的文化內涵，全面提升茅台酒的品牌形象。

多年以來，茅台酒廠對巴拿馬萬國博覽會金獎呵護備至，珍重有加，其程度足以讓其他同時獲獎的產品自愧弗如。茅台酒廠對巴拿馬萬國博覽會金獎的紀念與傳承從來都沒有中斷過，1986 年就在中國人民大會堂主辦「慶祝貴州茅台酒榮獲巴拿馬萬國博覽會金獎七十周年」紀念活動。作為一家企業，獲准在人民大會堂舉行如此盛大的紀念活動，不要說在當時，就是在今天也不多見。此後，在北京、貴陽，在茅台鎮企業本部，甚至在海外，每隔十年，茅台人都以最隆重的方式，紀念在巴拿馬萬國博覽會上榮獲金獎這一重大歷史事件。2015 年，茅台更是在全球多個城市，舉辦了榮獲巴拿馬萬國博覽會金獎百年慶典。慶典活動以「香飄世界百年，相伴民族復興」為主題，從香港拉開序幕，繼而登陸歐洲，亮相莫斯科和米蘭，最後重返百年前巴拿馬萬國博覽會的舉辦地——三藩市，並在此將十一月十二日設為三藩市貴州茅台日，將一個民族品牌走向世界之路刻成了豐碑。

為什麼有多個產品同時獲獎，而獨有茅台持之以恆地堅守，從而最大限度地發揮該項獎章的價值呢？

巴拿馬萬國博覽會金獎一直以來都是茅台人的精神支柱，作為茅台酒廠企業文化的重要組成部分，在各個歷史時期都激勵著茅台人不懼壓力與挫折，堅守價值和傳統，勇敢面向未來。在茅台人的內心世界，正是巴拿馬萬國博覽會金獎，讓他們走出了大山的封閉和局限，意識到產品品牌的價值，從而開啟了茅台走向現代商業世界的大門。也正是巴拿馬萬國博覽會金獎，給茅台酒的釀造者帶來了自信，帶來了責任。在一代又一代的茅台人心目中，最大限度地發揮巴拿馬萬國博覽會金獎的價值，是對歷史的尊重，對榮譽的珍惜，對文化的傳承，更是對弘揚民族品牌責任的承擔。

更為可貴的是，茅台人並沒有沉迷於巴拿馬萬國博覽會金獎的榮光，而是本著對品牌榮譽生命般的珍惜，對產品品質近乎嚴苛的堅守，延續歷史的輝煌，保持長久的生命力，將茅台酒推向一個又一個的新高度，使茅台酒廠從成立初期，產量不足百噸的鄉村作坊，發展成為年產數萬噸的現代企業。

百年來的輝煌業績充分表明，茅台酒沒有辜負巴拿馬萬國博覽會金獎的期望，符合巴拿馬萬國博覽會頒獎的初衷。茅台借重巴拿馬萬國博覽會金獎而獲得產品價值的大幅提升，取之有道，當之無愧。

茅台竹枝詞（之一）——張國華

於今酒好在茅台，滇黔川湘客到來。
販去千里市上賣，誰不稱奇也罕哉。

09 紅色烙印

1935年三月，萬里長征中的中央紅軍來到茅台鎮，給茅台酒烙上了深深的紅色印記。

遵義會議之後重振旗鼓的中央紅軍在土城、太平渡一帶兩渡赤水河，並一鼓作氣打下黔北桐梓、婁山關，二占遵義。再度從遵義出發，馬不停蹄行進到茅台鎮後，終於獲得了短暫的休整時機。

三月十六日，中央紅軍的先頭部隊進駐茅台鎮後，在茅台小學操場上舉行了一個短暫的大會。隨後，中央軍委政治部分別在生產茅台酒最多的成義、榮和、恒興三家酒坊門口張貼布告，曉諭三軍，務必保護名聞遐邇的茅台酒生產作坊不受損失：「民族工商業應鼓勵發展，屬於我軍保護範圍。私營企業釀制的茅台老酒，酒好質佳，一舉奪得國際巴拿馬大賽金獎，為國人爭光，我軍只能在酒廠公買公賣，對酒灶、酒窖、酒罈、酒甑、酒瓶等一切設備，均應加以保護，不得損壞，望我軍全體將士切切遵照。」

自古以來，軍隊和酒就有著難解之緣。出征時，以酒壯行；戰場上，以酒助威；凱旋日，以酒慶功。歷代文學作品中類似「葡萄美酒夜光杯，欲飲琵琶馬上催」這樣的記述十分常見。紅軍長征路上每每路過「酒鄉」，開懷暢飲也是常有的事。這次來到茅台鎮，又有休整的時間，當然要喝酒。為了歡迎紅軍，茅台鎮的各大燒坊都捧出了醇香誘人的燒酒，但紅軍將士們更大的需求當然要依靠公平的交易來滿足，因此張貼布告強調交易紀律、禁止毀壞燒坊財物是必要的舉措，符合紅軍的一貫做法。

紅軍隊伍中眾多的工農子弟兵在來到茅台鎮之前，未必知道這窮鄉僻壤的小鎮，還能生產舉世聞名的燒酒，更少有人知道茅台酒還摘取過國際博覽會金獎，但博古通今的紅軍高級領導人對茅台酒的美名早已耳熟能詳。

紅軍女戰士李堅真回憶，長征路過茅台鎮時，喝了當地的酒，紅軍戰士的疲勞全消失了……周恩來同志看到這種情況後，問我們這是什麼酒，我們都不知道。他告訴我們，這就是巴拿馬萬國博覽會獲了金獎的茅台酒。

最先抵達茅台鎮的是紅三軍團十一團。團政委王平一再告誡官兵：茅台鎮有好酒，酒雖好喝，但紀律和作風絕不能丟。茅台鎮幾乎家家都釀酒，有些大戶人家還有窖藏幾十年的陳年老酒。進入小鎮的十一團官兵，聞著誘人的酒香，卻沒有一人擅自去老百姓家裡討酒喝。最後還是王平帶著警衛員去河灘上一家開著門的酒店，用四塊銀圓買了一些酒，分發官兵們品嘗。

在紅軍總政治部任通信班長的鄒衍，隨中央軍委縱隊機關進駐茅台鎮後，在鎮裡一個老字型大小的酒坊裡，看到幾口大缸，裡面裝滿了香味四溢的燒酒。聽說燒酒能治病和解乏，隨隊指揮員在酒坊裡放了一些銀圓，讓大家從酒缸裡舀了一些酒帶走。原本滴酒不沾的鄒衍在戰友的勸說下喝了幾口，想品嘗一下茅台酒到底是什麼味道。不一會兒，就覺得口乾舌燥，雖然白天行軍十分疲勞，晚上卻怎麼也難以入睡，後悔不該勉強喝酒。第二天行軍時天降大雨，部隊爬到半山腰時，戰士們又冷又餓。此時，有人將酒拿了出來，鄒衍和戰友們每人又喝了幾口，頓時忘記了疲勞，覺得這酒有時也能派上用場。

軍委縱隊的後勤供應部門，按四塊銀圓買兩竹筒酒的價格，向茅台鎮的各個燒坊買酒。和店主、商家談好價格付錢後，把大壇小罐的酒抬到駐地，供戰士們飲用。

紅軍中周恩來善飲，酒量驚人，在紅軍中他說酒量第二，沒人敢說第一。1945 年重慶談判期間，周恩來為毛澤東擋酒，豪飲之下依然詞鋒犀利，最後一人退千軍。周恩來是三月十七日淩晨進入茅台鎮的。在處理繁雜的公務之後，當然要喝上幾杯酒解乏。據他自己回憶，這天中午，一兩的酒杯，他連喝了二十五杯，還沒喝醉。喝到興起，還拉上毛澤東、張聞天等人去燒坊參觀。一行人去到一家燒坊，老闆不在，工人亦未開工，廠區內只有一個主管在應酬。周恩來叫主管領著大家在彌漫不散的濃烈酒香中參觀了廠房、酒庫，又讓警衛員買了不少陳年老酒，用竹筒封裝，背回駐地分發給紅軍將士飲用。

連酒量不好的劉伯承在三渡赤水前，也與周恩來對飲三碗，以壯行色。這是一向以儒雅之風著稱的劉伯承，極少的幾次飲酒記錄。

除了品嘗飲用驅除疲勞之外，茅台酒還被將士們用來治病療傷。連續的行軍作戰，很多紅軍將士都帶有傷病，在當時缺醫少藥的情況下，以酒療傷，雖然有些奢侈，但也是一個不錯的選擇。

後來成為女將軍的李真回憶道：「1935 年三月，我們長征到貴州仁懷縣茅台鎮。由於長途勞累和暫時甩掉了蔣介石軍隊的追剿，大家都希望能輕鬆一下。當時聽說當地酒好，芳香味美，大家很高興。有的用酒揉揉手腳，擦擦臉，擦過之後，真有舒筋活血的作用，渾身感到痛快。同志們喝了酒後，長途行軍的疲乏全消失了，因風寒而引起腹瀉的同志喝了酒也好了。」

著名作家成仿吾在《長征回憶錄》中寫道：「因軍情緊急，不敢多飲，主要用來擦腳，恢復行路的疲勞。而茅台酒擦腳確有奇效，大家莫不稱讚。」

周恩來後來在重慶對作家姚雪垠也說過：「1935 年我們長征到茅台時，當地群眾捧出茅台酒來歡迎，戰士們用茅台酒擦洗腿腳傷口，止痛消炎，喝了可以治療腹瀉，暫時解決了我們當時缺醫少藥的一大困難。紅軍長征的勝利，也有茅台酒的一大功勞。」

長遠來看，紅軍的這次休整對茅台酒此後的輝煌至關重要。紅軍將士們在這裡品嘗到了聞名已久的茅台美酒，醇香甘洌的美酒讓他們回味終生，以至若干年後還對茅台酒情有獨鍾，這對日後擴大茅台酒的影響力有難以估量的價值。

1949 年十月一日中國開國第一宴在北京飯店舉行。宴會由周恩來負責操辦。「細節決定成敗」理念突出的周恩來從廚師到菜單酒品都親自審定。對茅台酒的醇香念念不忘的周恩來，毫不猶豫地將茅台酒定為本次宴會的主酒。十幾年前的紅色烙印終於在這一刻迸發出耀眼的光芒，曾經為紅軍洗塵療傷的茅台酒成為了中國共產黨的開國喜酒。

赤虺河——吳國倫

萬里赤虺河，山深毒物多。遙疑驅象馬，直欲搗岷峨。
筏趁飛流下，檣穿怒石過。勸郎今莫渡，不止為風波。

10 茅台酒的新生

1949年貴州解放前夕，茅台鎮上三家規模最大的燒坊——成義、榮和及恒興燒坊生產條件都還相當落後。三家燒坊一共有發酵窖坑四十一個（成義十八個，榮和六個，恒興十七個），烤酒甑子五個（成義兩個，榮和一個，恒興兩個），粉碎原料的石磨十一盤（成義四盤，榮和三盤，恒興四盤），推磨騾馬三十六匹（成義十五匹，榮和九匹，恒興十二匹）。三家燒坊 1949 年總產量僅有兩萬公斤。

三家燒坊幾乎所有的烤酒工序都由人工完成。燒坊工人一般分三個級別：第一級別是「酒師」，負責從發酵到勾兌各環節的技術指導，每月工資七至八塊銀圓；第二級別叫「二把手」，為烤酒助工，主要協助酒師完成各個輪次的烤酒，每月工資五至七塊銀圓；第三級別為「雜工」，承擔踩曲、挑水、搬運、看磨、打掃、割草、洗酒缸等繁重的雜活，每月工資三至四塊銀圓。雇工形式分為兩種，固定工和臨時工。酒師、二把手大多是固定工，雜工一般臨時聘用。規模較大的成義、恒興兩家燒坊大約有 40 ～ 50 名工人，其中固定工人十幾名；榮和的規模較小，最少時僅有六名固定工人。由於烤酒工藝特殊，所以工人們沒有固定的上下班時間，採取工口計酬，也就是定額計酬。一個踩曲工通常一天要踩一石（一百斤）麥子的曲，一個灶每天必須烤七甑酒，每烤一甑至少需要十五小時，工人每天的勞動時間大約 13 ～ 14 小時。

出於把控燒酒品質的考慮，三家燒坊雇用工人十分嚴格，設有「六不要」和「兩要」條件。六不要即，參加過幫會的不要、名譽不好的不要、不老實的不要、不聰明伶俐的不要、結過婚的不要、家住附近的不要。兩要即，要有介紹人作保、要經過試用。三家燒坊約定，新工人進入燒坊，先把工資固定下來，任何一家不得擅自提高工人工資；新工人進來後，先割馬草三年，後看石磨兩年，才能有機會提升為烤酒工人。

1949年十一月，解放西南各省的西南戰役打響。時局動盪之下，茅台鎮幾乎所有燒坊的生產都處於停頓狀態。1950年二月，中國人民解放軍再度進入茅台鎮，解放了茅台，並消滅了盤踞在茅台一帶的地方土匪武裝，恢復茅台鎮的正常治安秩序，但各燒坊的生產因多種原因未能及時恢復。為維護這一世界名酒生產的連續性，新成立的仁懷縣人民政府，決定對各家燒坊採取扶持政策，向三家燒坊提供貸款共2,400萬元（舊幣，一萬舊幣約相當於一元人民幣），調撥小麥共三千公斤，幫助三家燒坊儘快開展生產。但三家燒坊經過長期戰亂折騰，一蹶不振，生產狀況一直沒有起色。

無奈之下，仁懷縣委、縣人民政府經請示遵義地區和貴州省專賣部門同意，決定收購巴拿馬萬國博覽會金獎得主之一的成義燒坊為國有，藉以推動茅台燒酒的生產。1951年，仁懷縣稅務局兼職專賣局負責人王善齋出馬，約見成義燒坊此時的掌門人華問渠，就收購成義燒坊展開談判。1951年六月二十五日和十一月八日，由仁懷縣知名人士周夢生擔任中間證人，雙方分兩次簽訂合約，一次為燒坊主業房產轉讓，一次為輔助房產轉讓。仁懷縣專賣局以舊幣十三億元（合人民幣十三萬元，含一千元契稅和工本費）將成義燒坊全部收購，款項於1951年十一月八日簽約時付清。兩次合約共購得成義燒坊的土地、房產、財物包括：土地一千八百平方尺、蒸酒灶兩個、發酵窖池十八個、馬五匹，以及部分生產工具、桌椅、板凳和木櫃。

收購完成後，隨即成立貴州省專賣事業公司仁懷茅台酒廠，簡稱茅台酒廠，由稅務局長王善齋代管產物。1951 年年底，仁懷縣鹽業分銷處幹部張興忠到任茅台，出任新成立的茅台酒廠第一任廠長，全面主持茅台酒廠的生產經營工作。新組建的茅台酒廠留用原成義燒坊職員兩人，工人九人，加上進駐該廠的其他管理幹部和工人，首期勞工共三十九人，新的茅台酒廠從此開始了新的征程。

1951 年年初，榮和燒坊財產被仁懷縣政府整體沒收。茅台酒廠成立後第二年，仁懷縣財政委員會決定將沒收的榮和燒坊劃撥給茅台酒廠，全部財產包括：廠房土地 1,753 平方尺、蒸酒灶一個、酵窖池六個、騾子一匹，估價五百萬舊幣（折合人民幣五百元）。這樣，巴拿馬萬國博覽會金獎的另一得主榮和燒坊也成為了茅台酒廠的一部分，巴拿馬萬國博覽會金獎理所當然地，由新組建的茅台酒廠繼承了下來。

對於實力相對雄厚且經營狀況良好的恒興燒坊，仁懷縣政府則多次在經濟和物資上予以扶持，生產得以維持。1952 年，恒興燒坊也被中國政府接管。

1952 年十二月，貴陽市財經委員會發出《關於接管賴永初恒興酒廠財產的通知》，將恒興燒坊整體交由茅台酒廠接管。1953 年二月，由資方代表韋嶺出面召集原恒興燒坊全體工人開會，茅台酒廠負責人張興忠，在會上宣讀了關於接管恒興燒坊財產的檔案，獲得全體勞工的擁護和支持。會後對恒興燒坊的財產清理造冊，計有生產房曲房大小三十三間、蒸酒灶兩個、發酵窖池十七個、馬十二匹、猴子一隻，共折價舊幣 225 億元（折合人民幣 225 萬元），一併由茅台酒廠接收。至此，茅台鎮三家規模最大的私營釀酒燒坊全部收歸國有，合併成為貴州省專賣事業管理局仁懷茅台酒廠。新茅台酒廠總面積約四千平方米，共有酒窖四十一個、蒸酒灶五個、酒甑五口、石磨十一盤、騾馬三十五匹，以及其他若干釀酒工具。

1949 年是中國歷史的分水嶺，古老的中華大地萬象更新，一切都在翻天覆地，一切都在重新布局。茅台鎮上具有悠久歷史的釀酒作坊自然也在變局當中。三家老字號大小燒坊整合為了神奇的茅台酒廠，茅台酒因此而獲得新生。這場變局結出的碩果，從歷史的角度證明了這場變局的偉大價值。茅台酒廠當然不會輕易忘記茅台酒前輩們的創造和貢獻，成義燒坊創始人華聯輝、恒興燒坊創始人賴永初和榮和燒坊創始人石榮霄，均被塑成雕像陳列在茅台國酒文化城中，與茅台酒的後輩們一起，共享茅台酒新的輝煌。

茅台酒的成長和壯大則是與新中國的發展和強大相伴隨的。

1952 年九月，在北京舉辦了新中國成立以後的第一屆全國評酒會。正是從這屆評酒會開始，才統一使用白酒這一名稱代替以前的燒酒或者高粱酒等叫法，凡是以糧穀為主要原料，以大麴、小曲或麩曲及酒母等為糖化發酵劑，經蒸煮、糖化、發酵、蒸餾而製成的蒸餾酒，都統稱白酒。

白酒為中國特有，完全有別於白蘭地、威士忌、伏特加、金酒、朗姆酒等世界上其他的蒸餾酒，其種類繁多，香味各異，足以使之自成一系。舉辦評酒會的初衷就是加快中國白酒生產技術的進步，進一步提高中國白酒的品質，促進中國白酒儘早走上國際舞臺，與世界上其他的蒸餾酒一競高下。

中國白酒雖然產地很多，但有規模的酒商在當時還很少。新中國成立初期，釀酒工業還處於整頓恢復階段，除國家接收少數官僚資本家的企業外，大多數酒類生產企業都是由私人繼續經營的。在這種情況下，系統的選拔和推薦就不大可能了，導致評酒會主辦方很難獲得齊全的評酒樣品。實際上，第一次評酒會的候選物件，是根據市場銷售信譽結合化驗分析結果評議推薦的。

來自全國的 103 種酒，包括白酒、黃酒、果酒、葡萄酒一同參加了評比。按照品質優良並符合高級酒類標準及衛生指標、在國內獲得好評並為全國大部分人所歡迎、歷史悠久並在全國仍有銷售市場、製造方法特殊並具有不能仿製的地方特色等四個標準，評酒會評出八大名酒，茅台酒名列八大名酒之首。

自 1949 年中國開國大典被定為國宴用酒後，每年的國慶招待會上，茅台酒皆為國宴指定用酒。很多中國國家領導人對茅台酒青睞有加，在長征到過茅台鎮的老紅軍們更是對茅台酒情有獨鍾。

在新中國的開國領袖中，毛澤東不善飲酒。儘管不喝酒，但這絲毫不影響毛澤東對茅台酒的鍾愛和關切。1949 年十二月，毛澤東對蘇聯進行友好訪問，恰逢史達林七十壽辰。毛澤東為此隨車帶去蘿蔔、大蔥、蘋果等眾多物品，不喜飲酒的他還不忘將茅台酒作為國禮相贈。1950 年初毛澤東回國時，史達林回贈了毛澤東一輛史達林汽車製造廠生產的吉姆牌高級轎車。茅台換轎車，為中共黨史中的外交傳奇，也被茅台酒廠傳唱為美談。1958 年三月在成都召開的政治局常委擴大會議，毛澤東借助會議空隙，由時任貴州省委書記的周林陪同前往杜甫草堂。閒聊中毛澤東問周林，茅台酒現在情況如何？用的是什麼水？周林回答：生產還好，用的是赤水河的水。毛澤東當即要求，搞它一萬噸茅台酒，要保證品質。

中共第一任總理周恩來更是對茅台酒喜愛有加，在各種外交場合傾力向全世界的朋友推薦茅台酒，使茅台酒成為世界認識中國的視窗，成為傳播友誼的紐帶，成為外交舞臺上發揮舉足輕重作用的中國國酒，同時也使自己成為當之無愧的中國國酒之父。

1954 年四月，周恩來率中國代表團，前往瑞士日內瓦出席國際會議。「年輕的紅色外交家率領著一批，更為年輕的紅色外交家」在國際政治舞臺上第一次正式亮相，與美國國務卿杜勒斯、蘇聯外交部部長莫洛托夫、英國外交大臣艾登、法國外交部部長皮杜爾等風雲一時的政治家和外交家縱論天下。周恩來在日內瓦會議上，以驚人的智慧和才能，積極靈活地展開外交工作。在會議召開的第二天，便以中國代表團的名義舉行了招待會，招待各國代表、新聞記者和國際友人，茅台酒以其優秀的品質，一下子成了宴會上的話題。賓主十分高興，頻頻舉杯交流感情。茅台酒在與會國家的代表中出盡了風頭，被各國代表稱為「真正的男子漢喝的美酒」。回國後，周恩來向中央匯報時感慨頗深地說，日內瓦會議上幫助我們成功的有「兩台」，一是茅台，另一個是《梁山伯與祝英台》。

在這以後，酒量據說深不可測的周恩來，頻頻利用茅台酒款待基辛格、尼克森、田中角榮等多國賓客，展開酒桌微笑外交，開創酒桌政治的先河，令周氏外交散發出持久綿長的香氣。

領袖們對茅台酒的鍾情和喜愛，使茅台酒又在多個重大政治、外交場合屢立新功，促使從中央到地方的各級政府都對茅台酒關愛有加。1949 年年末貴州剛一解放，中央就去電要求貴州省委、仁懷縣委正確執行黨的工商業政策，保護好茅台酒廠的生產設備，繼續進行生產。貴州省根據中央的指示，對成義、榮和、恒興三家燒坊在經濟上給予有力支持，幫助其發展，對燒坊老闆給予政治待遇，在政府中安排職位。1957 年，在百廢待興的年月裡，中國政府仍分兩次共投資一百多萬元擴建茅台酒廠。貴州的工業並不發達，但為了確保茅台酒生產用水的品質，中央和貴州多次強調，赤水河上游不能建設任何工廠。從 1951 年茅台酒廠成立到 1997 年改制為公司化經營，茅台一直享有國家財政撥款長達數十年……。

新中國給茅台塗抹了絢麗斑斕的色彩。正是借著這抹亮色，茅台酒才獲得新生，逐漸顯現王者本色，迅速成長為光大民族品牌的經典，從而為中國製造業建立起一座難以逾越的里程碑。

茅台酒醇——王彝玖

挺挺茅台，酒占大魁。全球佳釀，中國香醅。

詩仙倒甕，名士傾罍。一醉千日，泰運複回。

第三章

神秘的15.03

11 美酒河谷

在品類繁多的中國白酒中，茅台無疑是酒中貴族。如果說輝煌的歷史文化就像茅台酒的家族傳承，特殊的工藝和嚴格的釀造過程就像茅台酒的自身修為，那麼繞鎮而走的赤水河就是培養茅台酒貴族品質的優良環境。

發源於雲南，流經貴州，最終在四川合江注入長江的赤水河，是長江上游右岸的一級支流，全長四百餘公里，是一條具有特殊人文、氣候和自然地理條件的河流。

從乾隆年間耗鉅資疏浚赤水河這一史實分析，赤水河在當時應該有一定程度的淤塞。這也與赤水河的水文特點相符。每年的端午節至重陽節，雨季來臨，兩岸泥沙受到沖刷，流入河中，河水呈赤紅色，赤水河也因此而得名。重陽節一過，至第二年端午節之前，河水則清澈透明。疏浚之後，鹽船自四川抵達貴州各地，可徑行七百公里，在陸路交通長期不發達的西南山區，赤水河成為真正的黃金水道。儘管赤水河作為川黔黃金水道成名已久，沿岸也有畢節、金沙、古藺、茅台、習水、合江等名鎮，但在遍地都是大江大河的中國，其聲名在漫長的時間內僅限於西南一隅。

1935 年，中國工農紅軍先後在土城鎮、二郎灘、茅台鎮、太平渡四渡赤水，以高度機動靈活的運動戰術，巧妙地穿插於國民黨軍重兵圍剿之間，最終突破了數十萬敵軍的圍追堵截。借著此次著名戰役，赤水河遂為天下所共知。也因為這個因素，赤水河又有了英雄河的美稱。

赤水河植被完好，風光旖旎，集靈泉於一身，匯秀水而東下。沿岸除世界自然遺產赤水丹霞外，還有多個國家級自然保護區，很多地方保留著恐龍時代的植物種群。僅茅台上游數十公里內，匯入赤水河的眾多支流中，奇水、溫泉、瀑布就有數十處。近兩百種魚類在赤水河生存繁衍，其中有三十多種是特有或稀有魚種，赤水河成為這些魚類最後的避難所。時至今日，赤水河近五百公里的幹流上，沒有水壩，沒有發電站，也沒有化工廠，是長江中上游唯一一條未被開發的一級支流。故而，赤水河又有著美景河、生態河的美譽。幾年前沿赤水河谷修建起來的自行車車道，全程 160 多公里，給自行車愛好者帶來了「車在景中走，人在畫中游」的美妙體驗。

赤水河最為人們熟知的，當然還是酒。流淌在原生態環境中的河水，給釀酒業帶來了福音。

重巒疊嶂的赤水河谷，流淌著迷人的香氣，數以千計的酒廠、酒坊羅列兩岸，釀造出聞名天下的醬香傳奇，把赤水河裝扮成為世界上獨一無二的美酒河。

因其獨特的地理環境和水文氣候特性，全長近五百公里的赤水河，不出百里必有好酒，由茅台領軍，董酒、習酒、郎酒、潭酒、懷酒等蜚聲中外的美酒分列兩岸，爭奇鬥豔。流經地域出產的名酒，更是彙集了中國名酒的 60%以上。赤水沿岸的茅台、郎酒自不必說，向北沿長江兩岸有濃香酒的代表五糧液和瀘州老窖；再向北到四川綿陽、射洪，則彙集了沱牌曲酒、劍南春、全興大麴、水井坊、天號陳等名酒；綿陽有豐谷酒，平昌有小角樓、江口醇，邛崍有文君酒、邛酒，萬州有詩仙太白酒；往南到貴州安順、都勻一帶，則囊括了鎮遠青酒、都勻勻酒、平壩窖酒、安順安酒、金沙窖酒、貴陽大麴、興義貴州醇；向西至遵義則有董香型的董酒。

有一首赤水河流域傳播甚廣的民謠，極為生動地刻畫了中國白酒這種神奇的景觀：上游是茅台，下望是瀘州，船到二郎灘，又該喝郎酒。

赤水河全長五百公里，河床寬 40 ～ 88 米，平均寬度 63 米，正常水深 1 ～ 54 米。赤水河因河水發紅而得名，但並非終年赤色，也有清澈見底的時候。每年五月端午至九月前後是河水最混濁的時候，但到了重陽時節，河水又會變得清亮無比。恰逢此時，正是沿岸酒廠大量取水放置原料、烤酒、取酒的時期。赤水河流經貴州省境內共有三百多公里，其中仁懷境內河段長 119 公里，流經茅台鎮河段就是茅台酒廠生產用水的主要取水段。

赤水河是中國唯一一條有專門法規保護的河流。2011 年，貴州省人大常委會頒布《貴州省赤水河流域保護條例》，明確禁止在赤水河主流和珍稀特有魚類洄游的主要支流，進行水電開發、攔河築壩等影響河流自然流淌的工程建設活動，明確禁止在赤水河流域建設規模化畜禽養殖場，已經建成的限期搬遷或關閉，並逐步實行赤水河流域水汙染物排汙權有償使用和轉讓制度。在這個條例中，赤水河的生態環境，被提到極高的程度。隨著沿河兩岸的酒廠不斷增加，對赤水河環境保護的意識和執法範圍，正在進一步增強和放大。

環境測試表明，赤水河流域紫紅色的土壤中砂質和礫土含量高，土壤鬆散，孔隙大，滲透性強，地表水和地下水融入大地奔向赤水河時，在被層層過濾、吸收、轉化中，不僅還原為清甜可口的天然山泉，還順便帶走了土質中的多種有益礦物質。赤水河水質無色透明、無異味、微甜爽口，含多種對人體有益的成分。河水硬度 7.8 ～ 8.46，酸鹹適度，pH7.2 ～ 7.8，鈣鎂離子含量符合飲用衛生標準，是釀造美酒的絕佳水源。

得天獨厚的地理環境培育了赤水河沿岸的釀酒傳統。在綿延數百里的河谷，有釀酒絕活的酒師不勝枚舉。他們無一例外地堅守著當地的傳統釀酒工藝，不投機取巧，不偷工減料，也很少借重現代技術手段和設備。在這裡，接受自然的光線和通風條件、按週期摘酒、按時間儲存、按工藝要求勾兌，都成了被嚴守的傳統。釀酒如做人，投機取巧的人會失去信用；偷工減料的酒會失去品質。有人說，這裡出產的美酒是有生命的，而天人合一才能生產出有生命的酒。赤水河谷的美酒，既得益於促進微生物繁衍生息的地理和氣候環境，也有賴於這些釀酒者對傳統工藝偏執般的堅守。久而久之，人與自然高度和諧、天人合一的釀酒環境隨之形成。任何人身在其中，都只能是一個傳統的繼承者，而不會去改變這個，連空氣中都充滿酒香的環境。

二十世紀八〇年代，中國改革開放東風勁吹，赤水河谷的人們也聞風而動，紛紛祭出他們的拿手絕活，向世人展現他們神奇的釀酒技藝。一時間，赤水河兩岸酒香濃烈，大小酒廠鱗次櫛比。高峰時期，河谷地區大大小小的酒廠不少於三千家。以赤水河谷為中心，釀酒業迅速擴展到貴州全境，全省規模以上的白酒企業就有上百家之多。在貴州省經濟版圖中，白酒業成為最閃亮的板塊。除茅台、董酒等傳統名酒以外，出現一批鴨溪、湄窖、匀酒等白酒品牌，很快把中國各地的人們醉得人仰馬翻，以至於人們把貴州酒業這一前所未有的鼎盛時期稱作「酒瘋時代」。

酒業的瘋狂發展啟動了一些人的白酒帝國夢。1996 年，與茅台鎮相距約五十公里的二郎灘，也就是紅軍二渡赤水的地方，赤水河谷「百里酒城」的宏圖正式展開。二郎灘的峭壁上，修建起了一個直升機停機坪。站在這裡，可俯瞰赤水河對面位於四川省境內的郎酒廠全貌，轉過身來，計畫中的「百里酒城」則盡收眼底。藍圖已經繪就，美好的前景似乎就懸在河谷上空，觸手可及。

就在人們充滿喜悅地憧憬美好未來的時候，一場席捲全球的金融風暴襲來，赤水河谷酒業帝國的夢想隨之破滅。受金融風暴牽連，大批酒商轟然倒下，以遵義地區最為嚴重，赤水河沿岸為重災區。董酒、鴨溪、珍酒、習酒等知名酒商風雨飄搖，曾經車水馬龍的酒廠，瞬間變得門可羅雀。就連白酒業的帶頭大哥——茅台酒廠也處境不妙，叫苦連天。

酒商倒閉潮過後，人們開始反思。究竟是酒做得太多，還是酒做得不夠好？是行銷出了問題，還是生產規模不如他人？種種疑問之下，理性回歸，最終找到了三個最主要的原因：一是短期內突然冒出來的大多數酒廠，沒有自己的核心技術，只知對當地知名酒廠的工藝和品牌照搬照抄，產品因此失去競爭力；二是貪大求快，盲目擴張，企業擴張得太快太大，缺乏雄厚的資金支持；三是行銷不力，管道建設不完善。當「酒瘋時代」的這些缺陷集中爆發，又逢金融風暴，各種風險疊加，危機就難以避免地降臨。

此輪金融風波導致赤水河流域，乃至整個貴州酒業陷入長達十餘年的低谷。更令赤水河谷釀酒者感到深深沮喪的是，這段時期，以四川為主的全國其他省市酒業發展迅速，取得了讓人垂涎的良好業績。

關鍵時刻，仍然是茅台酒廠，也只能是茅台酒廠「手把紅旗潮頭立」，承擔起貴州白酒收復戰的主攻職責。中國第一蒸餾酒的盛名，讓茅台酒神勇有加。茅台酒不負貴州父老的期望，經過艱辛的努力，幾乎以一己之力，把純糧釀造、傳統手工製作的貴州白酒，重新帶回到消費者的餐桌。利好放大後，重振貴州酒業的大幕拉開。赤水河流域的仁懷市，則成為重振貴州酒業的「橋頭堡」，肩負著打造中國酒都的重要使命，是未來十年中國白酒看貴州的核心區域。

於是，從茅台鎮到下游的二合鎮，長達三十多公里的赤水河谷地帶，一片片依山而建的白酒廠房拔地而起，二合鎮一處環境與茅台極其相似的山溝裡，一個面積達 1,229 平方公里的名酒工業園區也快馬加鞭地建設起來。截止至 2016 年年底，仁懷市證照齊全的白酒企業有三百多家，年產白酒超過三十萬噸。未來五年，仁懷市將致力打造由一個千億元企業引領、三個百億元企業支撐、十個十億元企業帶動、四十個億元企業跟進的「1314」工程，並實施「酒業＋文化＋旅遊」的產業互動發展策略。

境內有五個縣處於赤水河流域的遵義市，則提出了沿赤水河打造三百里白酒產業長廊，著力培育赤水河谷的地域品牌，建設生態示範區，把白酒打造成千億元產業的偉大目標。

發展的熱潮一直蔓延到赤水河中下游地區的習水縣和赤水市，兩縣（市）也各有一個規模不小的白酒工業基地正在加緊建設。不僅如此，隔河相望的四川郎酒集團，也在貴州白酒快速發展的刺激下，開闢出一個跟老廠規模相似的新廠區。

赤虺河行——楊慎

君不見，赤虺河源出於芒部虎豹之林。
猿猱路，層冰深雪不可通，十尋健木撐寒空。
明堂大廈采梁，工師估客空蒙籠。
此水奔流飛箭，縛筏乘桴下蜀甸。
暗淡灩罟險倍過，海洋流沙第一線。
誰驅烏鵲馭黿鼉，波濤旋回息盤窩。
柏亭雲屏濟川手，奠民枕席休干戈。
安得休為夷庚道，鐫刻靈陶垂不磨。

12 不可複製

美酒河孕育出來，最有名的釀酒基地仍然是茅台鎮。

茅台鎮沿赤水河而建，周圍崇山峻嶺環繞，形成一個低谷地帶或盆地，宛如上天設計的一個酒甑。酒甑當然只是一個比方，但從地形和氣候上看，頗有幾分道理。茅台鎮平均海拔四百米左右，土壤酸鹼適度，含有豐富的碳氮化合物及微量元素，具有良好的滲透性，適宜於微生物的長期繁殖和微生物群落的多樣化演替。這裡全年氣候濕潤，冬暖夏不涼，年均氣溫 17.4℃，夏季溫度高達 40℃，晝夜溫差小，霜期短，年均無霜期 326 天，年降雨量 800 ～ 1,000 毫米，年日照 1,400 小時。在這樣一個地勢低窪、土壤適宜、氣溫較高、風微雨少的環境中，空氣流動相對穩定，多種微生物得以大量繁衍並合理分布，造就了一個相對封閉、有利於釀酒微生物生長的小環境。小精靈般的微生物，在開放式發酵過程中被充分網羅到曲醇和酒醅裡，使得釀造出來的酒香氣成分多種多樣。

所以，茅台鎮家家釀瓊漿，戶戶有美酒。

據不完全統計，以茅台鎮為核心的仁懷市共有大大小小的酒廠一千多家，說茅台鎮人人賣酒不算太誇張。每到重陽節前後，茅台鎮上幾乎所有的人都在為即將到來的新一輪釀酒季忙碌。有人測算茅台鎮的土地面積和年產值比例得出，每平方公里土地的年產值超過三億元，是全球經濟價值最高的地區之一。這個驚人的產值，幾乎全部來源於釀酒。茅台鎮上空一年四季美酒飄香，人人可免費陶醉其間。

茅台鎮上很多酒廠生產出來的白酒物美價廉，如果不是特別講究，100元／斤就可以購得上等好酒，300元／斤可以買來很好的陳釀，500元／斤能獲得特級原漿酒。

至於茅台人喝酒，當然有先天的優勢，常年身在酒中，哪有不善飲酒之理！至於酒量，想必也有強有弱，與其他地區沒有什麼不同。作者頻繁往來茅台鎮多年，和仁懷市各界人士、茅台酒廠主管員工、茅台鎮居民有過多次酒局，推杯換盞，觥籌交錯，我從來都是來者不拒，也沒醉過。之所以如此，酒好味醇當然是一個因素，除此之外，茅台鎮作為中國著名的酒鄉，熱情淳樸、待客有道是最關鍵的原因。

茅台鎮最有名的酒廠當然是茅台酒廠。

中國菸酒業向來就有「酒不提趕茅台，煙不提超中華」的說法，也沒有哪家酒廠敢於在對外宣傳時將自己與茅台相提並論，規模較大的酒廠最多也只是以「茅台鎮第二大酒廠」推薦自己。茅台這個集古鹽文化、長征文化和酒文化於一體的古鎮，正是因為釀造了天下聞名的茅台酒才被譽為「中國第一酒鎮」，別無他因。

赤水河穿鎮而過，將小小的茅台鎮分為兩半。享譽世界的中國白酒一哥——茅台集團霸氣地占據著河的南岸，數十棟制曲、制酒車間和兩百多棟酒庫依河而建，整齊、密集、壯觀。如果說茅台鎮宛如一個酒甑，那茅台酒廠就處於酒甑的最底部，為全鎮釀酒的最佳位置。在茅台酒諸多神奇中，最不可或缺的就是微生物群。大量知名或不知名的微生物侵入制酒的各個環節，才醞釀出香味豐富、獨特的茅台酒。而茅台酒廠所處的位置，經檢測是茅台鎮乃至整個赤水河流域微生物群最豐富的區域，沒有之一。跨出這個區域，哪怕只有一河之隔的赤水河北岸，抑或只有一牆之隔的相鄰區域，都無法釀出同樣品質的酒。

這就是總面積僅有 15.03 平方公里的一片神奇區域，名動四海的茅台酒唯一產區。

在 15.03 平方公里的範圍內，至少有 100 多種微生物對茅台酒的形成有著直接的影響，從而造就了有生命的醬香茅台。離開這片神奇的產酒區，哪怕用同樣的工藝、同樣的原料，也無法釀造出茅台酒。在這片區域的對岸，密密麻麻地分布著若干依河而建的其他酒廠，但生產出來的白酒無論是香味的豐富性還是口感的層次性，都與茅台酒相差甚遠。多年來，茅台酒廠自身的擴建也一直小心謹慎地維持在這神奇的 15.03 平方公里範圍內，不敢跨出半步。

茅台集團總工程師、國家白酒評酒委員王莉 2015 年在《釀酒科技》上發表研究論文《醬香型白酒窖底泥微生物組成分析》，闡述了她率領的課題研究小組，對醬香型白酒發酵窖池及環境土樣中的微生物區系構成，進行測序分析結果。摘錄如下：「三個樣本總共檢測到一百一十八個科的微生物，其中使用十二個月的窖底泥樣本中檢測到四十七個，使用一個月的窖底泥中檢測到七十七個，土壤樣本中檢測到八十一個。使用十二個月的窖底泥中數量較多的微生物主要分布在 Lactobacillaceae（乳桿菌科，31.75 %）、Thermoanaerobacteriaceae（熱厭氧菌科，30.37 %）、Ruminococcaceae（瘤胃菌科，7.64 %）、Peptostreptococcaceae（消化鏈球菌科，6.02 %）、Carnobacteriaceae（肉桿菌科，5.04 %）和 Veillonellaceae（韋榮球菌科，4.56%）等。使用 1 個月的窖底泥中數量較多的微生物主要為：Lactobacillaceae（乳桿菌科，29.13 %）、Prevotellaceae（普雷沃氏菌科，21.75 %）、Acetobacteraceae（醋酸桿菌科，18.55 %）、Clostridiaceae（梭菌科，2.86 %）和 Ruminococcaceae（瘤胃菌科，2.24 %）等。土壤樣本中數量較多的微生物則主要為：Xanthomonadaceae（黃單胞菌科，18.77 %）、Methylococcaceae（甲烷球菌科，9.37 %）、Comamonadaceae（叢毛單胞菌科，6.82 %）、Sphingomonadaceae（鞘脂單胞菌科，6.33 %）、Sphingobacteriaceae（鞘脂桿菌科，5.41 %）、Alcaligenace-ae（產堿菌科，5.16 %）和 Chitinophagaceae（噬幾丁質菌屬，4.49 %）等。土壤樣本中的主要微生物組成與窖底泥樣本相比有明顯差別。

比較分析發現，三個樣本共有的微生物有二十七個科，使用十二個月的窖底泥樣本與使用一個月的窖底泥樣本，共有三十四科的微生物，占據使用十二個月的窖底泥微生物種類總數的 72.3 %。土壤樣本與使用一個月的窖底泥樣本共有五十三個科的微生物相同，而與使用十二個月的窖底泥樣本僅有二十八個科的微生物相同。由此可見，在土壤向窖底泥馴化的過程中，微生物的物種組成逐漸減少且微生物的相對數度也發生著變化。使用一個月的窖底泥中厭氧菌 Lactobacillaceae（乳桿菌科）、Clostridiaceae（梭菌科）和 Ru-minococcaceae（瘤胃菌科）開始出現甚至逐漸增加，這些都是在使用十二個月的窖底泥中存在的主要微生物類群，同時土壤中的一些高豐度菌如 Xan-thomonadaceae（黃單胞菌科）、Methylococcaceae（甲烷球菌科）、Acidobac-teriaceae（酸桿菌科）和 Bradyrhizobiaceae（慢生根瘤菌科）開始減少甚至消失。使用一個月的窖底泥在物種組成上已經非常接近成熟的窖底泥，但是主要微生物的組成以及單個微生物的數量與成熟的窖底泥仍然存在差異，仍然有十二個科的微生物是使用十二個月的窖底泥中特有的，這也說明只有經歷長時間釀酒發酵過程的積累、融合，並與酒麴、酒醅中的微生物之間長期相互作用才能成為真正成熟的窖底泥。另外，土壤微生物也為窖底泥馴化提供了重要的微生物來源，說明醬香型白酒生產地域周邊土壤，對於窖底泥的形成具有一定的影響，進一步說明醬香型白酒生產地域周邊土壤環境，對於醬香型白酒釀造的重要性。」

王莉課題組的研究結果表明，醬香型白酒廠周邊土壤中的微生物多樣性極其豐富，相比窖底泥中的微生物組成更加複雜。在土壤馴化成窖底泥的過程中，微生物群的複雜度逐漸降低，隨著窖底泥的不斷馴化，Lactobacillace-ae（乳桿菌科）、Clostridiaceae（梭菌科）和 Ruminococcaceae（瘤胃菌科）等厭氧微生物逐漸成為優勢種群。土壤微生物為窖底泥馴化提供了重要的微生物來源，醬香型白酒生產地域周邊土壤，對於窖底泥的形成具有一定的影響。該項研究成果為茅台酒核心生產區域的獨特性，提供了科學依據。

離開茅台鎮，再無茅台酒。資源的壟斷性，使得茅台酒無法複製。茅台酒獨特的釀造工藝是秘不外傳的，一瓶普通茅台酒從放置原料到出廠先後必須經過三十道工序、一百六十五個工藝環節，一共要五年時間。即使複製茅台酒所有的釀造工藝和配方，但因為釀酒依賴的神秘菌群無法遷移，因而始終無法再到其他地方生產出一瓶正宗的茅台酒。

清朝末期以來，由於茅台酒銷路好、利潤高，因而異地仿製者甚多。位於遵義的集義酒廠、位於貴陽的榮昌酒廠等都先後到茅台酒廠聘酒師，試圖利用茅台酒的傳統工藝仿製茅台酒。抗戰勝利後仿製者就更多了，貴陽的金茅、丁茅、王茅等，令人眼花繚亂。但所有的異地仿製者最後都未取得成功，以倒閉或轉行而告終。

二十世紀六〇年代到七〇年代，茅台酒廠一直在為實現毛澤東「搞它一萬噸」的目標而努力。當時並無 15.03 平方公里的科學測試結論，所以最初的設想是在茅台鎮範圍內擴大生產。但是透過調查發現，赤水河兩岸均是滑坡地帶，地質條件並不適合修建釀酒用的廠房。以當時情況來看，在原有基礎上擴大茅台酒生產規模不僅投資大，而且有很多實際問題難以解決。因此，經中央和貴州省有關部門研究決定，在原有基礎上盡可能擴大生產規模的同時，進行易地試驗，在確實有把握的前提下，進行外地建廠，以彌補茅台酒生產的不足。

很快，茅台酒易地試驗獲得中國政府重視，並列入中國「六五」重點研究攻關項目。時任國務院副總理兼國家科委主任方毅親自上陣，組織國家科學技術委員會、輕工業部、茅台酒廠技術專家組成茅台酒易地試製攻關小組。攻關小組對茅台鎮以外具備符合釀造醬香型白酒必備條件的多個地方進行了綜合考察。經過科學論證後，最終選擇遵義市北郊十字鋪一帶，作為異地複製茅台酒的試驗基地。十字鋪距離茅台鎮僅一百三十多公里，四面環山的地形與茅台酒廠所處的峽谷地帶十分相似，水質、土壤等自然環境也與茅台鎮沒有明顯差異。加上緊靠川黔鐵路兩大運輸動脈，交通運輸極為方便，作為複製茅台酒的試驗基地相當合適。

1974 年年底，遵義市下達《關於新建茅台酒易地試驗廠的通知》，易地茅台試驗工作正式展開。為保證試驗能順利進行，先後從茅台酒廠調來了原茅台酒廠廠長、黨委副書記鄭光先，原副總工程師楊仁勉，實驗室副主任林寶財，以及 1949 年以前華氏茅台酒酒師鄭英才的關門弟子張支雲為代表的二十八名優秀人才。在這二十八人中，不僅有優秀的管理人員，一流的釀酒大師和研究、銷售業務，還包括車間技術工人、評酒技師等重要崗位的員工。他們不僅帶來了正宗的茅台酒釀造工藝，還帶來了茅台酒生產、經營以及銷售的組織管理經驗。最初，試驗用的很多原料、輔料、生產設備等也都是從茅台酒廠搬運而來。據傳，連茅台酒廠的地皮灰，以及其他可能與菌群相關的東西，都被作為環境材料帶到了試製地。

1975 年十月，茅台酒易地試驗廠正式放置原料，進行探索性生產。在特殊的歷史條件下，易地試製工作異常艱辛。經過長達十年、九個週期、六十三輪，三千多次化學分析的艱難探索，易地茅台酒終於在 1985 年十月透過國家科學技術委員會的鑒定。最後形成的鑒定報告雖然確認易地複製的茅台酒色清、透明、微黃，醬香突出，味悠長，空杯留香持久，但認為其香味及微量元素成分只是與茅台酒基本相同，差異仍然存在，因而只是「具有茅台酒的基本風格」。最終，根據方毅「酒中珍品」的題詞，將試製的茅台酒定名為「珍酒」，茅台酒易地試驗廠也更名為貴州珍酒廠。雖然一直以來珍酒又被人們稱為「易地茅台」、「茅台姊妹酒」，但它實際上宣告了異地複製茅台酒的失敗，證明了茅台酒無法複製的事實。

以詩投華四先生乞酒——楊恩元

華四先生生黔中，品概第一稱名公。
家蓄佳釀號茅酒，其味不與凡酒同。
紛紛公候棄敝屣，是為何人作犧牲。
此酒從來有公論，仙露醍醐同芳潤。

13 紅高粱

蒸餾酒的原料很豐富，幾乎所有的糧食都可以用來釀酒。大致上，蒸餾酒的原料有三類：糧穀類、以番薯乾為主的薯類和代用原料類。根據原料的不同，釀出的酒同樣也分為三類：糧食酒、薯類酒和其他酒。中國白酒的原料大多來源於糧穀類，釀出的是糧食酒。薯類原料包含紅薯、木薯及馬鈴薯，釀出的酒一般稱為瓜乾酒，比較辛辣，外號「一口蒙」，即一口酒下去當場「暈頭轉向」。在糧食極為豐餘的今天，瓜乾酒正淡出人們的視野。不過馬鈴薯釀酒還很流行，比如伏特加。代用原料類包含甘蔗、甜菜等，釀出的酒多為烈性酒，學名「蘭姆酒」，入口如火焰一般，下肚後有燒灼五臟六腑的感覺，曾是船員們的最愛。蘭姆酒除了直接飲用之外，多被用來調製雞尾酒以及用於糕點、冰淇淋的調味。

中國白酒種類繁多，使用的原料也各不相同。大多數名酒以高粱為原料，茅台就是高粱酒；也有一些酒採用多種糧食釀製而成，如五糧液就是用五種不同的糧食混合釀製的，在改用現名之前就叫雜糧酒。

常用的白酒原料當然就是高粱、大米、小麥和玉米四種。

高粱：又名紅糧，中國白酒主要的原料之一。根據穗的顏色，高粱可分為黃、紅、白、褐四種；根據籽粒所含澱粉的性質，可分為「粳高粱」和「糯高粱」兩種。「粳高粱」含直鏈澱粉較多，結構緊密，較難溶於水，蛋白質含量高於糯高粱。「糯高粱」幾乎完全是直鏈澱粉，吸水性強，容易糊化，澱粉含量雖低於粳高粱但出酒率卻比粳高粱高，因而是歷史悠久的釀酒原料。以高粱為原料釀酒，一般採用固態發酵。高粱經蒸煮後，疏鬆適度，熟而不黏，利於發酵。

大米：大米澱粉含量70%以上，蛋白質、脂肪及纖維等含量較少，質地純正，結構疏鬆，利於糊化，利於低溫緩慢發酵。大米也有粳米和糯米之分。粳米蛋白質、纖維素及灰分含量較高，釀出的酒酒質純淨，酒界有「大米釀酒淨」之說。糯米的澱粉和脂肪含量較高，澱粉結構疏鬆、易糊化，但如果蒸煮不當，則發酵溫度難以控制，所以較少單獨使用，一般與其他原料配合使用，釀出的酒味甜。日本的清酒基本上為大米釀造，一般會去掉米皮，保留35%至40%的米芯，經過複雜的工藝釀製成酒，也是非常講究的。

小麥：既是制曲的主要原料，也是釀酒的原料之一。小麥中含有豐富的碳水化合物、澱粉、少量糖類以及微量元素，黏著力強，營養豐富，但在發酵中產生的熱量較大，單獨使用難以控制溫度。

玉米：玉米品種很多，澱粉主要集中在胚乳內，在常規分析下澱粉含量與高粱相當，但出酒率低於高粱。因顆粒結構緊密，質地堅硬，長時間蒸煮才能使其中的澱粉充分糊化。玉米胚芽中含有占原料重量5%左右的脂肪，容易在發酵過程中氧化產生異味並帶入酒中，所以玉米酒不如高粱酒純淨。

「糧是酒之肉」。原料的不同以及原料品質的優劣，對酒的品質和風格有著極大的影響。有經驗的酒徒對於常見的成品白酒，從口感上即能分辨其採用的原料種類。酒剛斟出，即能聞到糧食的味道，為高粱酒，因為高粱在發酵過程中有提香的作用；喝一口酒，舌尖有絲絲甜意，為玉米酒，甜味如同平時吃的甜玉米；當酒充滿口腔時，有辛辣酸澀的層次感，是小麥酒；入喉愉快不刺激是糯米酒；回味時口感爽淨是大米酒。總結成口訣就是：鼻聞高粱香，舌尖玉米甜，過舌小麥糙，回味大米淨，下嚥糯米綿。

茅台酒的原料為高粱，是產自赤水河谷的紅纓子高粱。

赤水河流域獨特的地理和氣候條件，孕育出一種舉世罕見的糯高粱，俗稱紅纓子高粱。與東北及其他地區出產的高粱不同，赤水河谷的紅纓子高粱皮厚、粒小、乾燥、耐蒸煮，澱粉含量高（較外地高粱多出三分之一），其中直鏈澱粉達到 88%以上。

這種被稱作小紅糧的糯高粱，雖然全國各地都能種植，但唯有赤水河流域才有最優良的品質。非常直觀的現象就是：一粒完整的糯高粱被切成兩片後，能看到它的斷面如同玻璃纖維絲，結構十分緊密、平滑。只有這種糯高粱，才適宜茅台酒七次取酒、八次攤晾、九次蒸煮的傳統工藝，使每一輪取酒的營養消耗都在合理的範圍之內。而從外地收購而來的高粱，在刀具切割下瞬間變成粉狀，幾乎沒有完整切開的可能，也無法達到多次蒸煮的要求，大多在第五次取酒後就被榨乾。

有一首作者佚名的小詩，刻畫產自赤水河谷地區的紅纓子高粱：

冰河小詩——佚名

色如玫瑰，花開春日隨風飛，神似冬梅，踏雪芬芳引人回。
穀中精魂，香醉千年何須歸，琵琶輕奏，彈來琥珀滿夜杯。
遙想當年，漢武曾歎甘美之，茅台鎮上，長憶英雄秦娥詞。
赤水河邊，潮起潮落皆有時，且將酒來，漫看東風拂柳枝。

由於紅纓子高粱最適宜醬香酒的釀制，茅台鎮大大小小的酒廠跟茅台酒廠一樣，都選用紅纓子高粱釀酒。相對於其他酒廠，茅台酒的用料極為考究，主要原料必須全部是本地出產的紅纓子高粱，天然無汙染的有機種植品種，還必須精挑細選，只有顆粒比較完整的，才能保證適合茅台酒生產工藝和質量的要求。而且，還必須保證高粱為天然無汙染的有機種植品種。為此，茅台酒廠提出要把生產紅纓子高粱的田間地頭當作茅台酒生產的第一車間。如今，茅台酒所用的高粱種植已引入先進的綠色控制系統，從種子、肥料到收割的整個種植環節以及收購和運輸環節，都採用現代化的資訊化管理，確保茅台酒釀造所用高粱的高品質。

從 2010 年開始，為進一步保證充足的有機紅高粱供應，茅台酒廠將綠色原料納入綠色供應鏈的建設之中。茅台酒廠與赤水河谷的高粱種植戶達成協議，高粱種植作為綠色有機原料供應鏈體系的重要部分，全部環節都進入資訊化管理平臺。

赤水河谷二十五萬畝紅纓子高粱種植戶，都要經過茅台酒廠和仁懷市政府提供的種植培訓，按農業標準化規程進行種植，採取訂單農業的模式向茅台酒廠提供優質的原料。茅台酒廠不僅向農民提供高粱種子、薄膜，還利用生物技術將酒糟等製成有機肥料提供給農民種植使用，保證了有機高粱、有機小麥從種子、肥料到收購等各環節的可追溯性。

在土壤環節，種植高粱的方法是用牲畜的糞便堆積發酵後肥田，完全不用化肥，並遵循老祖宗的耕作技術，春種秋收，人工除草、施肥，保證了這些環節的綠色有機，此外不用任何農藥殺蟲，而是用殺蟲燈，從源頭上徹底解決長期以來讓人糾結的農藥殘留問題。

在檢測階段，收檢人員開袋目測：顆粒飽滿、呈紅褐色的籽粒通過第一關；發現青白色、有蟲害、顆粒不均勻、不飽滿的籽粒均實行退回；順利過關的，還要等待農藥殘留等一系列量化指標的抽檢，直到完全通過，才能成為釀造茅台酒的原料入庫。每一粒糯高粱，要進入茅台集團的原料倉庫，還必須走過一條嚴格的考核之路，收割、脫粒、包裝、運輸等環節嚴禁使用任何塑膠製品，所有高粱全部採用純天然麻袋進行包裝，而運輸車輛也必須經過徹底清潔，專車專用。

茅台酒廠對農民的高粱實行訂單收購，收購價高於市場價，有的年份收購價是市場價的兩倍，以保證種植高粱的農戶維持較高的收入水準。從 2011 年起，茅台酒廠陸續投入數千萬元，為種植高粱的農戶提供良種、薄膜等，成立了風險基金，在農戶遇到自然災害時提供保障，免除農戶的後顧之憂。

近年來，茅台酒廠的生產規模逐步擴大，從十多年前年產三千多噸到現在年產四、五萬噸，原料用量不斷增加，按照五斤糧一斤酒的比例，現在每年需要釀酒高粱超過二十萬噸。茅台鎮、仁懷市及其周邊地區的其他酒廠，近年來也加入了搶購仁懷紅纓子高粱的行列，種植戶成了「香餑餑」，高粱種植面積不斷擴大的同時，高粱的價格也不斷上升。為了保證釀酒原料的供應和品質，也為了應對價格波動，茅台酒廠設置了原料基地，在兩年內再建二十萬畝有機小麥原料基地，確保滿足產能擴大所需的有機原料供應。茅台酒廠還採取在生產週期之前一年進行原料收購的措施，修建十萬噸規模的有機原料儲備庫，應對高粱可能因天災造成的減產和市場價格的波動。

白酒釀造中，一些關鍵元素能夠決定或改變白酒的風格。原料即為決定白酒風格的關鍵元素。把握好原料關，是釀造高品質白酒的前提。在這一點上，作為高端白酒品牌的茅台不敢有絲毫的懈怠。

仁懷雜詩（之一）——楊樹

舊隸犍為郡，遺民尚古巴。香醪分豆穀，鮮食佐魚蝦。
書老皮為瓦，田荒米帶沙。芹鹽酸可嚼，此味近吾家。

14 端午踩曲

釀酒必先制曲。酒麴是使糧食發酵成酒醅的前提。釀酒的第一道工序就是制曲。

茅台酒釀造工藝中有三高，即高溫制曲、高溫發酵、高溫摘酒。之所以要高溫制曲，原因很簡單，就是高溫環境中微生物能快速繁殖，並能為酒麴快速吸收。

每年端午節過後，氣溫逐漸升高，茅台的酒師們就開始制曲。以此為起點，茅台酒長達一年的生產週期正式開始。這就是人們常說的「端午踩曲」。

茅台地區的多數酒廠都與茅台酒廠一樣，遵循端午踩曲、人工踩曲這種古老的踩曲工藝。隨著茅台酒產量的不斷擴大，用曲量也隨之大幅增加，如今的踩曲並不限於端午時節，而是整個三伏天（一年中最熱的時期，約七月中旬至八月中旬）都可以踩曲，只要是在高溫環境中踩出來的曲，就能保證其上等的品質。

曲藥以小麥為原料。酒麴的「曲」在推行簡化字前寫作「麯」，為「麥」字偏旁形聲字。小麥粉碎後加入水和母曲，攪拌，放入模具木盒，由踩曲工人赤足站在盒子裡踩實。夏天的制曲車間，溫度經常達到 40℃。高溫環境下迅速生長的微生物混入曲塊，分泌出大量的酶，加速澱粉、蛋白質轉化為糖分。制曲車間布滿大量曲蚊，連張口呼吸時都有可能吸進小蟲子。曲塊踩好後，用穀草包起來裝倉，十天後翻倉，即將曲塊上下翻轉，以保證曲塊的每一面都能充分接觸微生物，一般翻倉兩次。三十至四十天後，曲塊就可以出倉，堆放待用。整個工序計算下來，一塊合格酒麴的生產用時為三至五個月。

端午踩曲工藝，繼承了端午時節「采」自然之曲以備造酒之用的古老酒俗，是對自然物候的遵從。中華民族的先民們尊崇天人合一，凡事都很注重選時，開工動土、搬遷出行、婚嫁喪祭，都要選個好日子或好時辰。《齊民要術》就有「七月上寅日作曲」的記載，江南民間也有「六月六日曬衣儲水造曲醬」的說法。對制曲選時精確到日，是中國傳統文化天人合一的體現。茅台的端午踩曲應該也是源於當地的釀酒習俗，後來經過反復的實踐驗證，才發現這一古老習俗正是茅台酒釀造過程中必需的工藝，這才被提煉總結為高溫制曲。

從釀酒工藝的發展史來看，踩曲這種人工制曲方式，是釀酒工藝發展到一定階段才出現的。在此之前應該是「采曲」，即採集自然生成的某種類似於酒麴的物質來造酒，完全是順應天時的過程，穀物發黴了，生芽了，加上從自然界「采」來的曲，就有了酒。什麼時候「采」曲呢？當然是有季節講究的。為了向後代傳授釀酒經驗時便於記憶，先民們必須選擇一個帶有標誌性的日子來，標記這個季節性的時間，六月六、七月上寅日、端午這些古代就存在的節日，就成了合適的選擇。隨著釀酒技術的發展，人工制曲出現，人們透過比較發現，伏天踩製的酒麴，用於白酒生產比其他時間製作的酒麴更好，這才總結出伏天踩曲的經驗並得以流傳至今。

另一個說法似乎也能證明端午踩曲來自古老的傳統。中國自古有端午採藥的習俗，而酒在古代本來就是藥的一種，至今在民間還流傳著諸多以酒為藥的做法。酒既是藥，有酒母之稱的酒麴自然也是藥，酒麴有著酒藥、曲藥等別稱也充分證明了這一點。貴州獨山翁台水族鄉至今還有這樣的諺語：不信神，信雷神；不信藥，信酒藥。酒麴既然就是藥，理當遵循端午採藥的習俗，在端午時節采曲或者踩曲，這樣，釀酒時就能更好地發揮酒藥的威力。

茅台酒制曲另一個神秘的特色就是女工踩曲。

據傳茅台鎮女工踩曲已有六百多年歷史。端午時節制曲開始，茅台鎮二十歲以下的年輕女子，就被各個酒廠聘請前去踩曲。當地盛傳，哪個酒廠請到的女子多且漂亮，酒就能大賣。在高溫下的制曲房內，年輕女子們一邊輕巧地踩著腳下的曲料，一邊歡聲笑語，本身就是一幅綺麗的風景。傳統社會，產品通常只在產地附近銷售，女工踩曲就是一個活廣告。茅台酒廠至今也還保留著女工踩曲這一古老的傳統工藝。

女工踩曲應該也是源於自然規律形成的傳統習俗。傳說古代即有「處女踩曲鳳頭工藝」，指的就是在農曆端午節這天，未婚女子用鮮花洗腳後，站在盒子裡用腳不停地踩製酒麴的過程。

踩曲為什麼需要年輕女子？彪形大漢豈不更有力氣？

是曲的特徵決定了踩曲人的選擇。酒麴將來要摻入高粱中，促進糧食發酵，以便釀出酒來。這就要求曲胚外緊內鬆，便於粉碎發酵。年輕女孩身體輕盈，踩曲時的力度恰到好處。如果是彪形大漢或者過於肥胖的女性，三下兩下把曲胚踩實，效果就大打折扣。而且，由於是高溫下制曲，而女性從生理上比男性耐熱，因此在科技不發達的古代，聘用女工踩曲無疑是最為科學的選擇。

對照現代微生物學、微生態學的研究成果，產生於古代的女子踩曲法具有較高的科學價值。農曆五月端午時節，茅台鎮氣候溫暖，空氣濕度比較大，風速不快，光照充足，各種微生物生長繁殖旺盛，自然環境中的微生物種類及數量多，透過踩曲，讓這些微生物充分和小麥等酒麴原料接觸，形成了高品質的釀酒微生物群。未婚女子的腳部分泌物較少，黴菌少，即使在踩曲的過程中會流汗，汗液量也較小，能確保酒麴的酸鹼度不會產生明顯的變化，確保小麥等酒麴原料的純天然性，確保多種釀酒微生物平衡快速地生長繁殖，確保酒麴的優良品質。

至於傳言所說的過去踩曲要找未婚女子，也有其講究。中國文化講究陰陽調和，特別是在古代，這種思想尤其盛行。端午被認為是天地至陽之時，在這一天開始踩曲，就需要「至陰」之物來調和。古人於是認為，代表「至陰」的未婚女子，就是踩曲的最佳人選。現在看來，這一說法並無科學依據。

現代科技的進步，強烈衝擊著釀酒這種帶有鮮明傳統手工業烙印的行業，釀酒業受益於新技術而安裝了自動化的生產線，用上了先進的生產工具，提高了生產效率，但也簡化了傳統的釀酒工藝，因而也極有可能改變成品酒的品質。

中國很多酒商如今都在利用現代化的機械制曲。洋河酒廠就建有現代化制曲大樓。過去的人工作業場景已難覓蹤跡，取而代之的是高大的廠房架構，整齊劃一的車間格局，井然有序的機械設備以及快速穩定的機械制曲流程。從原輔料的處理到曲胚成型，兩個系統的多個環節都經中心控制室聯網控制，真正實現了一鍵控制和自動化。機械制曲克服了傳統人工制曲勞動強度大、曲質不穩定、衛生條件差等不足，節約了大量的人力，減輕了勞動強度，配料更精確，拌料更均勻，曲塊鬆緊度一致，曲胚成型規範統一。但洋河酒廠的生產工藝與其他酒廠有一定的差別，機械制曲是否有進一步推廣的價值，還存在爭議。

湖北白雲邊酒十年前引進了一套機械化生產設備，用以生產白雲邊高溫大麴。當時，國內關於使用機械生產高溫大麴的研究很少，沒有較為成熟的資料文獻。經過兩年多的科學研究和生產實踐，高溫機械制曲生產的成品曲，基本達到規定的品質標準，並成功應用於白雲邊酒的釀造生產。白雲邊高溫機械制曲工藝現已製成文獻資料，用以指導制曲生產。

白雲邊的高溫大麴與茅台的制曲工藝相仿，是否對茅台有借鑒意義呢？其實，早在二十世紀八〇年代，茅台酒廠就與國際知名公司合作，有過大規模機械制曲的嘗試。茅台酒廠的第一代制曲機是仿照磚塊成型原理製造，曲胚一次擠壓成型，確實能大幅度降低工人的勞動強度，節省人工勞動力。但機械壓制的酒麴過於緊密，發酵時內外溫差大，散熱差，曲子斷面中心容易發生燒曲現象，曲塊發酵力低，對成品酒的品質影響很大。因此，茅台酒廠很快就放棄了機械制曲的努力，回歸人工踩曲。自那以後，不管其他酒商在機械制曲方面有什麼技術突破，茅台酒廠都不為所動，堅持傳統的人工踩曲工藝。

同處茅台鎮的國台酒莊，過去生產工藝與茅台基本相同。從2013年開始，以機械制曲逐步取代人工制曲，降低工人勞動強度50%以上，而且改變了人工作業靠經驗、憑感覺的不確定性，確保了酒麴的品質一致。但國台酒的品質一直無法比肩茅台酒，這當中是否有制曲的因素，人們不得而知。對於茅台酒廠來說，因其在酒業的特殊地位，在一項技術沒有完全成熟之前，出於對產品品質掌控的考慮，是絕不會輕舉妄動的。因此，茅台酒廠至今一直堅持傳統的人工踩曲。

人工踩曲，意味著勞動強度很高。對於這個主要依靠經驗和感覺的工作而言，主要的工作都依靠人工完成，所以，踩曲至今仍是茅台酒廠最為勞動密集的環節。熱衷於工業旅遊的人們將少女踩曲看作一種美景，但剛到制曲車間的女工大多難以承受踩曲的工作強度，兩天下來，腰酸背痛，腿會疼得下不了樓。

茅台酒廠制曲一車間至今還保留著一棟老舊的平房用於踩曲。可能是老房子，遺留下來的微生物多，制出來的酒麴醬香味尤為明顯。這棟老房子裡唯一能稱得上現代化的設備，是一台專門用於打碎、攪拌曲料的機器。

廠房的一角，年輕的女工三五成群地往木質模具裡填滿曲料，然後用腳踩出曲塊。曲塊最後要呈龜背型，四邊緊，中間鬆，否則就無法進行完全發酵，製成合格的曲母。在曲倉裡，用稻草包裹好的曲塊要進行四十天高溫發酵，之後還要進行幾個月的堆曲，才能用於釀造茅台酒。

在濕熱的曲倉裡，氣溫在 35℃以上，正在發酵的酒麴中心足有60℃。曲倉裡沒有安裝電燈，光線從一扇小小的窗戶裡射進來，一些女工借助走廊裡的光亮，細心地剝著已過四十天發酵期的曲塊上的稻草，一股濃濃的醬香味彌漫在曲倉裡。

因為要保持環境高熱高溼，讓微生物能在全自然狀態下充分參與曲塊的發酵生成，因此無法利用空調、空氣乾燥器等現代化的手段來改善工作環境。所以，踩曲工人一般淩晨五點就開始上班，上午十點左右結束一天的工作。

如此原始的傳統勞作畫面，讓人不免有時光倒流的感覺。然而，踩曲女工的現實生活狀態充滿了現代時尚的氣息，與她們的職業狀態形成鮮明的對比。她們大多開著自己的車上班，在極其原始的工作環境中重複著傳統的操作，下班後，沐浴更衣走出車間，又複歸為衣著光鮮的現代女性。正是憑藉踩曲女工們的堅韌和辛勤，人工踩曲這項承載著傳統文明的釀酒工藝才得以傳承，並最終成為茅台酒獨特品質不可或缺的一部分。

枸醬（之一）——龍紹訥

南粵曾傳枸醬名，人言道出夜郎城。
生來性本兼姜桂，食後功還陋橘橙。
紫芥膾魚堪佐肴，青梅調鼎待和羹。
調嘲倘遇黃幡綽，聽取隨風唾玉聲。

15 重陽下沙

中國傳統節日重陽節前後，赤水河谷的紅纓子糯高粱已經成熟並收割，茅台酒新一輪生產工序隆重登場，這就是下沙。下沙即放置原料。茅台酒整個生產過程中，僅在重陽節前後分兩次放置原料，所以叫重陽下沙。

赤水河谷夏季雨多，水土流失造成水質不好。以前人們對釀造用水的處理能力較低，而重陽節前後，赤水河水質是一年中最好的時候，清澈見底，陽光映襯下常看到魚兒在河中遊動。為順應天時地利，特選擇在重陽開始放置原料。另一個因素就是氣候。當地夏季氣溫高達 35 ～ 40℃，高粱澱粉含量高，收堆、下窖升溫過猛，生酸幅度過大，不利於釀酒。到了九月，氣溫降至 25℃左右，高粱也於秋季成熟，此時開始放置原料釀酒最為適宜。重陽下沙，立春或除夕之前烤完一次酒，立春或除夕後，氣溫開始回升，到烤三、四次酒的時候，氣溫非常適於使醬香酒產酒、產香的微生物繁殖生長，而三、四輪次澱粉糖化程度、水分、酸度、糟醅通透性都比較合理，因此三、四輪次酒是醬香酒產酒、產香高峰期。

重陽下沙傳承了千百年來的釀造工藝，體現了中國傳統製造業順應天時地利的文化傳統。

居住在茅台鎮一帶的人們，在很早的時候就能順應天時地利，以野果、穀物釀造美酒，久而久之便形成了對自然物候的崇拜。釀酒離不開水，因而茅台鎮的先民們最早的自然崇拜物件很可能就是生生不息的赤水河。歲歲重陽時，茅台鎮的先民們都要舉行隆重的祭水儀式，十分虔誠地進行招龍、祭水、安龍等祭祀活動，以表達對自然神靈的感恩與崇拜，祈禱上蒼賜予茅台人五穀豐登、平安吉祥、美酒滿壇、糧谷滿倉。

重陽祭水作為茅台鎮千百年釀酒歷史中亙古不變的習俗，至今仍在延續。每當農曆九月初九重陽節來臨，茅台鎮赤水河畔都要舉行古老的祭水儀式。鼓樂聲中，人們虔誠地向天地鞠躬、敬香、敬酒，恭讀祭文，表達著對赤水河的感恩與崇敬。

重陽下沙的「沙」，是指茅台酒的主要釀造原料高粱和其他輔料。在放置原料之前的初級加工過程中，部分釀酒原料被粉碎，於是當地方言就形象地把經過初級加工的原料統稱為「沙」。

根據原料粉碎的程度和工藝，「沙」被分成多種類型。不同的沙，釀出來的酒在品質上有差異，有的差異還很大。

坤沙：根據方言音譯而來，意思是完整的沙，又可寫成捆沙、圗沙。所謂坤沙，就是指完整的高粱。事實上，100%的坤沙放置原料並不存在，所有的坤沙都維持著大約20%左右的破碎率，因為全部原料都保持完整不利於發酵，依靠其中破碎的部分才能更好地帶動發酵。坤沙酒出酒率低，品質最好，核心工藝就是著名的「回沙」工藝，即兩次放置原料、九次蒸煮、八次發酵、七次取酒，再經三到五年存放才能飲用。

碎沙：顧名思義就是指被碾碎的高粱，即在初級加工中原料100%破碎，被打磨成粉狀。碎沙生產工藝較為快捷，週期相對較短，出酒率高，不需要嚴格的「回沙」工藝，一般烤二、三次就能把糧食中的酒取完，酒糟不能重複使用。這種酒醬香味比較淡，後味比較短，經過長時間的存放後，酒體同樣會有濃烈醬香味，釀造出來的酒也好入口。缺點是相對正統醬香來說要單薄不少，酒體層次感單一。初次接觸醬香酒的人往往更容易接受碎沙酒。純碎沙酒陳放多年後，香味提升仍然很小，但口感柔順更好入口。白酒界經常有濃郁派與清淡派的派系之爭，其實就是坤沙酒和碎沙酒之爭。高質量的碎沙酒可以單獨勾調銷售，品質一般的通常和坤沙酒混合勾調後再進行銷售。

翻沙：在經過九次蒸煮後丟棄的坤沙酒糟中，加入新高粱和新曲藥，即為翻沙。翻沙酒生產週期短，出酒率高，但品質較差，僅僅比酒精酒多了一點醬味，工藝控制不好還會出現苦、糊等雜味。

翻沙酒大約相當於廢物利用，因而價值不高。

竄沙：也叫串沙、串香，在經過九次蒸煮後丟棄的坤沙酒糟中加入食用酒精，即為竄沙。直接蒸餾後的產品稱竄沙酒，產品品質差，成本低廉。市面上出售的幾元到二十餘元一瓶的醬香酒，基本都是這類產品。醬香的 GB ／ T（中國國家標準）公布後，竄沙釀造因不符合醬香酒標準已經被淘汰。

竄沙酒已被淘汰，翻沙酒一嘗便知，難以區分的是坤沙酒和碎沙酒。坤沙酒和碎沙酒都源自生物發酵過程，區別在於工藝上的傳統與非傳統。坤沙酒採用傳統工藝，用高溫大麴作為糖化發酵劑，不顧及成本，只在乎品質，而碎沙酒採用了現代技術對工藝進行了改進，一般用麩曲作糖化發酵劑。在口感上，坤沙酒香氣豐富，口味豐滿，微苦帶甘，略有酸澀，香而不豔，低而不淡，層次清晰，回味悠長；碎沙酒聞香單一，入口柔順，不苦且甜，回味寡淡。初飲者往往視豐滿為辣口，以寡淡為柔和，因而棄坤沙而好碎沙者多。當然，好的碎沙酒，在品質上甚至要高於品質較差的坤沙酒。

即便是坤沙酒，也有品質差異。優質坤沙酒入口時醬香突出，微苦帶甘，醬香中透著淡淡的焦香、花香，在口中逐層釋放，層次感清晰，回味幽雅，細膩綿長；一般的坤沙酒入口醬香味突出，但苦味較重，焦香有點露頭，花香淡雅，層次感不夠豐富，回味幽雅；新坤沙酒醬香突出，但入口強烈，活力過大，燥氣較重，易造成味覺麻痹，不宜細品。

這就解釋了為什麼同是醬香酒，有的幾十上百元一瓶，有的高達數千元一瓶。除了品牌溢價之外，釀造工藝和釀造成本決定了價格。

茅台酒為坤沙酒，其品質遠遠高於其他坤沙酒，是坤沙酒的代表；是坤沙酒的經典。茅台酒的制曲車間、制酒車間和儲存倉庫全部位於茅台鎮核心產區內，並且占據著核心產區的最佳位置，享有比其他坤沙酒更好的地理環境，釀造過程中必需的微生物群也最為豐富；茅台酒使用的釀酒原料，全部來自赤水河谷特有的紅纓子高粱，而且特別注重高粱種植的有機化，近年來更是大規模開闢種植基地，以保證其釀酒原料不受汙染；茅台酒嚴格遵循傳統的回沙工藝，坤沙中的破碎率在10%左右，對待兩次放置原料、九次蒸煮、八次加曲發酵、七次取酒等繁複工序一絲不苟；茅台酒新酒存放時間至少五年，再經精心勾調成形；茅台酒老酒儲存豐富，老酒點化新酒，勾調手段豐富、神奇。

茅台酒放置原料分兩次完成。重陽節前，氣溫適宜，高粱成熟，水質最佳，第一次放置開始，稱重陽下沙。

第一次放置占總原料量的一半。第一步「潤糧」，即將10%左右的高粱原料粉碎後，混入未破碎的坤沙中，再以熱水（稱發糧水）澆潑。邊潑邊拌，使原料吸水均勻。也可將水分成兩次潑入，每撥一次，翻拌三次。注意防止水的流失，以免原料吸水不足。然後加入母糟拌勻（母糟是上一年最後一輪發酵出窖後不蒸酒的優質酒醅）發糧水後堆積潤料若干小時。

第二步蒸糧（蒸生沙）。在甑蓖上撒上一層稻殼，見氣撒料，一小時內完成上甑，圓氣後蒸料，原料蒸熟後即可出甑。出甑後再潑上熱水（量水）。發糧水和量水的總用量約為院料量的 56%～60%左右。

第三步：攤晾拌曲。潑水後的生沙，經攤晾、散冷，並適量補充因蒸發而散失的水分。當溫度降到一定範圍內時，加入尾酒和大麯，拌勻。

第四步：堆積發酵。生沙收堆，堆積時間四到五天，待品溫上升，可用手插入堆內，當取出的酒醅具有香甜酒味時，即可入窖。

第五步：入窖發酵。對堆集後的生沙酒醅再加適量尾酒，拌勻，入窖，並撒上一層薄稻殼，用泥封窖，發酵。

至此，第一次放置原料完成。

重陽節後，打開窖坑。並按上述流程二次放置，即加入新的高粱，上甑蒸煮，再加曲藥，收堆發酵後重新下窖。這一過程稱為「造沙」。

造沙流程結束後，全年放置原料即告完成，生產週期內不再放置。這是茅台酒的獨特之處，與其他白酒四季放置原料完全不同。茅台酒只在放置過程中給原料加水，此後的工序中再無加水環節。放置過程中，分別在下沙和造沙環節有兩次蒸煮，但這兩次蒸煮並不取酒。另一個神奇之處就是發酵時間的確定，完全由釀酒師靈活掌握。經驗豐富的酒師用手插進發酵堆，依據手感即可判斷是否可以入窖。

造沙入窖後一個月左右，即開窖取醅，開始按次摘酒。

枸醬（之二）——龍紹訥

蒟蒻胡為枸醬名，食經不見憲章呈。
論功端合居椒上，負性偏能與芥爭。
絕勝醯醢調脯鼎，漫誇鹽豉下純羹。
黔中佳味知多少？試取浮留細品評。

16 九蒸八酵七取酒

作為坤沙酒的代表，茅台酒的釀造採用著名的「回沙」工藝。所謂回沙，簡單地說，就是同一批原料（坤沙）來來回回地反復蒸煮、發酵、取酒，直至把沙裡的酒榨乾為止。一個完整的回沙過程就是茅台酒的一個生產週期，其中重要的環節就是「九蒸八酵七取酒」。

重陽下沙後，坤沙經過兩次蒸煮、兩次發酵，即可開始第一次取酒。取酒採用固體蒸餾的辦法，第一次蒸出來的酒叫「造沙酒」。造沙酒蒸餾結束，酒醅出甑後不再添加新料，經攤涼，加尾酒和大麯粉，拌勻堆集，入窖發酵一個月，再取出蒸酒，即得到第二次酒，也就是第二次原酒，稱「回沙酒」。照此操作步驟和工藝，又分別蒸餾出第三、四、五次原酒，統稱「大回酒」。以同樣的工藝操作取得的第六次酒稱「小回酒」，第七次酒稱「枯糟酒」或「追糟酒」。至此，取酒完成，一個完整的生產週期也宣告結束。最初投入的原料經多次蒸煮取酒後，成為酒糟被丟棄，俗稱「丟糟」。

茅台釀酒人就是透過這樣的「回沙」過程，不斷蒸煮、不斷發酵，慢慢地把酒逼出來的。

經過七次蒸餾出來的酒，風味各不相同。第一次為造沙酒，酸澀辛辣;第二次蒸出來的酒比造沙酒要香醇，但仍有澀味;第三、四、五次的大回酒酒質香濃，味醇厚，酒體豐滿，無邪雜味；第六次的小回酒酒質醇和，味悠長，有糊香，但微苦，糟味較濃；最後一次枯糟酒發焦、發苦。但每一次的酒都有不同用處，多種風味正是茅台酒在勾調時所必需的。

茅台酒的回沙工藝與其他白酒釀造工藝差異較大，特色鮮明。

茅台酒的生產週期特別長。從重陽下沙到次年八月丟糟，耗時一年，為茅台酒一個完整的生產週期，共計完成兩次放置原料、九次蒸煮、八次發酵、七次取酒等工序。從第三次起，不再加入新料，只加曲、加尾酒。由於原料為坤沙，粉碎較粗，醅內澱粉含量較高，雖然隨著發酵輪次的增加，澱粉被逐步消耗，但直到整個生產週期結束，丟糟中的澱粉含量仍在 10%左右，因此丟糟仍可用於釀制翻沙酒和竄沙酒。

茅台酒高溫大麯的用量相當大。茅台酒在發酵過程中，用曲總量與原料總量比例高達 1：1。但各輪次發酵時的加曲量應視氣溫變化、澱粉含量以及酒質情況而靈活調整，氣溫低則多用，氣溫高則少用，其中第三、四、五次可適當多加，而六、七、八次可減少用曲。

茅台酒的堆積發酵有別於其他白酒的獨特工藝。生產中每次蒸完酒後的酒醅經過攤晾、加曲後都要堆積發酵四到五天，既有利於酒醅更新、富集微生物，又便於大麯中的黴菌、嗜熱芽孢桿菌、酵母菌等進一步繁殖，起到第二次制曲的作用。堆積品溫到達一定範圍時，微生物已繁殖較旺盛，再移入窖內進行發酵，使微生物占據絕對優勢，保證發酵的正常進行。

以醅養窖、回酒發酵是茅台酒生產工藝的特點之一。發酵時，對糟醅採取「原出原入」，達到以醅養窖和以窖養醅的作用。每次堆積發酵後、準備入窖前都要用尾酒潑窖，保證發酵正常、產香良好。由於回酒較大，入窖時酒醅含酒精已達 2%（容積比率）左右，對抑制有害微生物的生長繁殖起到了積極的作用，產出的酒綿柔、醇厚。

茅台酒生產用窖也與眾不同。窖池用方塊石與黏土砌成，容積較大，在 14 ～ 25 立方米之間。每年在原料入窖前用木柴燒窖一次，除殺滅窖內雜菌之外，還可以除去枯糟味和提高窖溫。由於酒醅在窖內所處位置不同，酒的質量也不相同。窖頂部位的酒醅蒸餾出的原酒屬於醬香型風味，是茅台酒品質的主要成分；窖底靠近窖泥的酒醅蒸餾出來的酒為窖底香型；窖中酒醅蒸餾出來的原酒為醇甜型。蒸酒時這三部分酒醅應分別蒸餾，酒液分開儲存。

茅台酒是堅守傳統工藝的代表。其工藝之古老、工序之複雜，足以稱得上中國白酒工藝的活化石。有人戲言，茅台酒廠是中國當今最大的作坊。在「九蒸八酵七取酒」以及在此之前的踩曲、下沙等生產環節，除裝卸、搬運、入窖、起窖等環節運用了機械手段外，其他生產環節的手工業痕跡還相當頑固地存在，潤糧、攤晾、堆集、上甑……處處可見手工操作。很多時候，茅台的酒師們更願意依賴自己的經驗來完成各環節的生產。

重陽節前後下沙，往往是茅台酒廠一年中最忙碌的時候。不同的年份，氣候環境有所不同。即使同一年中的這個時節，每天的氣溫也不盡相同，空氣濕度也有較大差異，潤糧時加多少水要依據這些氣候條件由酒師們靈活掌握。之前也嘗試過使用現代化的儀器，但很多酒師覺得，儀器還是不如經驗判斷可靠。在他們看來，靠儀器分析出來的加水量，總有點偏差。

堆積發酵最能體現酒師們的功力。什麼時候堆，什麼時候收，什麼時候可以入窖，酒師們憑經驗就能做出決策。這個環節中對溫度的把握相當重要，而茅台的酒師們測試酵堆的溫度簡直是一絕，用手往酵堆裡一插，即可判斷此刻的溫度是否適合某一道工序。

一年取酒七次，每次濃度都不同。什麼溫度下取酒，取多少，也完全依靠酒工的經驗。最令人驚嘆的一門功夫就是手撚，就是用手沾上少許酒液，稍加揉搓，即能大致判斷酒精的濃度。手撚感覺較滑，表明酒精濃度較高，可以取酒；手撚感覺較澀，表明酒精濃度還達不到取酒的要求。更神奇的是，很多酒師用手撚的辦法，甚至能測量出酒精的度數，與儀器檢測的結果相差無幾。除了手撚，還能透過出酒時泛出的酒花判斷，因酒精濃度不同，酒液表面張力不同，酒花的大小，消散速度也不同。酒花大如黃豆，整齊一致，消失極快時，酒精含量在 65％至 75％；酒花大小如綠豆，消失速度稍慢，酒精含量約為 50％至 60％；酒花大小如米粒，互相重疊（可重疊二至三層），存留時間較長（約兩分鐘）的，酒精含量在 40％至 50％之間。酒花大小不同，酒的度數和味道也不同，一般酒花越大，消散越快，酒精的度數越高。如果撚和看還不能做出準確的判斷，就只能用嘴巴嚐了。車間裡很多酒師的鑰匙串上都掛著一個只有半錢（約 1.8 克）容量的小酒杯，就是用來嚐酒的。雖然很多酒師平時並不喝酒，但嚐酒能迅速對酒的品質做出判斷，這是他們的基本功課。

茅台酒的回沙工藝週期長、用料多、工序繁雜、工藝難以把握，釀造成本比其他白酒高。白酒作為商品，其價格首先取決於品牌張力，當然也與市場供求關係和企業競爭策略等多種因素密切相關。而茅台酒之所以價格昂貴，除上述重要因素外，還有一個原因就是釀造成本較高。

原料成本：茅台酒出酒率低，糧酒率為 5：1，即五斤（約三公斤）糧產一斤（約 0.6 公斤）酒。這在各品牌白酒的生產中是最低的，其他的白酒僅兩斤多糧食就能生產一斤酒。茅台酒所用糧食為本地生產的紅纓子高粱，有機生產、產量低、收購價格高。

茅台酒用曲量也很大，糧曲比高達 1：1，即一斤高粱要耗用一斤大麴，是所有蒸餾酒中用曲量最大的。茅台酒的高溫大麴不僅是釀酒的糖化發酵劑，同時也是釀酒原料的一部分，曲香是茅台酒多種香味的重要來源。綜合下來不難算出，茅台酒的原料成本遠遠高於一般白酒。

作業成本：茅台酒的回沙工藝特別複雜，工序繁多，因而作業成本高於一般白酒。重陽節前後分兩次下沙，九蒸八醇，每一次蒸煮發酵都輔以攤晾、拌曲、堆積、入窖等高強度的作業，而且發酵次數多、時間長，取酒的次數也遠遠高於其他白酒，造成作業複雜程度增加，生產週期延長。

儲存成本：長期儲存是茅台酒品質的重要保證。剛蒸出來的酒雜質多、香味並不豐富，而且各次品質不一，並不適合馬上飲用，因而茅台酒有一個至關重要的工序就是儲存。茅台酒需要分型儲存，即按不同次數、不同酒體、不同香型分類儲存。茅台酒廠現有制酒車間二十三個，近六百個小組，每個小組出的酒各不相同，這滿足了茅台酒酒體豐富多樣的要求，但也增加了分型儲存的難度。茅台酒儲存的時間相當長，從車間蒸出來的酒要儲足五年才能包裝出廠。茅台現在的年產量約五～六萬噸，這就意味著常年儲存量需在三十萬噸左右，源於倉儲、保管、安全、資金積壓的成本都相當大。

老酒成本：儲存五年的酒未必就是口味醇厚的好酒，必須經過勾兌、調味後才能產生香味豐富、口感上乘的飲用體驗，而在勾調中必須使用一定比例的老酒。所謂老酒，就是存放多年的陳年酒。一般而言，存放五年以上的酒就算是老酒，但用於勾調的老酒最好已存放十年以上，才能在勾調中更好地顯現點化新酒的神奇效果。茅台酒廠目前尚有存放長達八十年的陳年老酒。

其他成本：釀酒為重資產製造業，與其他製造業一樣，需要承擔人力資源、物流、環保、包裝等成本。茅台酒的生產採用傳統工藝，大多數作業環節都還是由人工完成，人力資源成本較高；茅台酒生產對環境的要求又特別高，所以在環保上的投入也高於一般企業；加上茅台酒產地較為偏遠，交通不便，物流運輸的成本也居高不下。

牂牁群苗雜詠——劉韞良

翠髻慵梳散髮拖，笠尖斜插野花多。

匏尊香酌茅台酒，醉向葡萄架下過。

17 勾調是一種藝術

透過七次蒸餾出來的茅台酒，其香味、口感和品質還達不到飲用的標準，需要經過精心的勾兌和調味，才能包裝出廠，供人飲用。

先給讀者們介紹一個酒業最基本的常識。所有的酒友，平時喝到任何成品的白酒，都是經過勾調的。勾調是白酒釀造中必須且不可或缺的工藝程序，任何白酒都不例外。

白酒不可能像雞生蛋那樣一次出產，至少也要分為頭酒、中酒和尾酒。頭酒的度數可高達七十度甚至更高，後出的酒度數要再低一些。這就不可能不勾調，起碼也得調勻。有些大酒廠，每個批次產酒的氣候、窖池、操作人員都不同，酒釀出來的風味怎麼說也不可能完全一致，這也是必須勾調的一個原因。白酒行業有一種說法，七分工藝，三分技藝，這三分技藝指的就是勾調。白酒不僅需要勾調，而且還極為講究。

茅台酒也需要勾調，而且勾調工藝之講究、複雜，如同創作藝術品。

勾調主要是為了使各種微量成分比例適當，從而達到茅台酒的標準要求，形成理想的香味和風格特點。茅台酒有三種典型體：醬香、窖底、醇甜。茅台酒分七次取酒，每次的三種典型體在數量和品質上都不相同。正是這種多樣性成就了舉世無雙的茅台酒，但也給標準化生產帶來困難。於是，將七次的三種典型體勾調成香味獨特的醬香酒，就成為極其關鍵的環節。

新酒生產出後要裝入陶土酒罈中封存，形成「基酒」。第一年進行「盤勾」，就是按照醬香、醇甜、窖底三種酒體合併同類項，然後存放三年。

三年後，按照酒體要求進行「勾調」，即用幾十種基酒甚至一兩百種基酒，按照不同的比例勾調，形成茅台酒的口味、口感和香氣效果。

勾調完成後，最後一項工作是「調味」。調味的時候要加「調味酒」。調味酒可能是老酒，也可能是用特殊工藝生產出來的。調味酒味道特殊，每次只添加少量，達到點化神奇的效果。茅台酒每年出廠的成品酒只占五年前生產下線酒的75%左右，剩下25%留作老酒用於以後勾調。勾兌和調味，是各家酒廠的核心機密。勾兌和調味完成後，繼續存放半年到一年，等待醇化和熟透後才進行灌裝投入市場。

前後工序統算下來，茅台酒從生產到出廠最短也要五年時間，儲存越久，茅台酒的酒體越柔順，香氣越優雅。

茅台酒沒有任何添加劑，勾調時絕不允許添加其他任何外來物質，包括香味物質和水，完全以酒勾酒，以此酒勾彼酒，以老酒勾新酒。茅台酒基酒酒精濃度低，生產時摘酒52%～57%（容積比率），成品酒勾調時以酒勾酒不加漿，有別於其他蒸餾酒原酒酒精度高達七十度以上，勾調時需再加漿的工藝。

勾調工藝是一門極具專業性的技術，也可說是一門神奇的藝術。勾調出一杯茅台酒，一般要用三四十種基酒調配，多時要用兩百多種。整個過程沒有公式，沒有範本，靠的是經驗和悟性，憑的是匠心獨運，追求的是心靈感應，可感可悟而不可言。將多種酒體層層疊疊的芳香，勾兌調和成既柔和又有穿透力的醇香，形成口感上的平衡與層次感。整個過程不是機械的組合，而是新的創作。因此，茅台酒的勾調師不僅需要豐富的經驗和精湛的技藝，更需要靈敏的感官和味覺，還要有傑出的個人天賦。

茅台酒的品質指標不全是物理和化學指標，到目前為止，茅台酒的內含物質有精確含量資料的已超過三百種，已經確認種類但沒有精確含量資料的超過兩千種。所以，茅台酒每批次的品質要完全一樣在理論上幾乎不能成立，在實際操作中茅台酒的品質標準是一個不同批次間，接近於可以劃等號的近似值。

茅台每一年都會組織一批廠內的國家級品酒師，對茅台一年以來生產的茅台酒做一次標準酒的認定，也就是說，抽出其中一個批次的酒作為標準酒留樣，來年勾調時作為品質標準的對照。茅台酒隨著存放年月的延長酒體會日漸老熟，品質會發生深刻的變化，所以標準酒的確定每年必須進行一次。

勾調的生產計畫是有年度規劃的，根據基酒的次數和等級的數量，測算出全年可能的產量，然後以一千噸為一個單元，一次大規模的勾調將生產五至十個單元的成品酒。

在每一次大規模的勾調之前，會先有一次小勾過程，小勾大致相當於機械廠的中試，只有小勾的方案得到認可通過，才有可能進行大勾。

勾調的方案也就是小勾的配方，要經過四輪嚴格的審查：

第一輪，小勾組內部評審，內容主要是理化指標和口感，口感來自於鼻子聞和舌頭嚐，是無法用設備代替的。

第二輪，車間組織的評審小組，對小勾專家組內部評審出來合格的配方進行二次評審。

第三輪，由公司派出國家級的評審專家組成的評審組，對擬進入大勾的配方做最後的評審。

第四輪，大勾之後，勾調成功的成品酒儲存六個月之後，由公司派出廠級評審組，做最後的出廠前評審。

後兩次的評審團隊，多由國家級專家組成。茅台有眾多身懷絕技的勾調師。

茅台現有勾調師十三人，其中六位省級專家、三位國家級專家。在茅台的用人機制中，勾調師是要先進行培訓的，並且明確簽訂協定，禁止對外兼職。很多國家級的勾調師在工作崗位上數十年如一日地辛勤工作，是具備工匠精神的高級工程技術人員。

每一位勾調師的每一次勾調，都是根據自己的理解，從兩百個來自不同輪次、車間、存儲時間的樣品中進行選擇並排列組合。透過品嚐讀懂這其中的每一個樣品，最終勾調出來的小樣，包含這兩百多個樣品中90%以上的品種。提交的配方一定是自己認為最精確、最接近茅台酒的品質標準的。雖然不同的勾調師調製出的小樣有一些差別，但這種差別極其細微。

為絕對保證茅台酒的品質，每一個勾調師都獨立勾調，提交配方，但多數配方不能通過勾調小組內部評審而被放棄。每次對小勾配方的審查都是以盲評的方式，採用嚴格的淘汰制：四個勾調師團隊，各有六七個人同時做勾調配方，而最終只能採用其中一個人的配方。勾調師各自做出配方後，由十幾位品酒師進行盲評，評出的最佳一款就作為最終的配方。盲評之下，有的勾調師全年所做的配方都不能被評酒師選中，因而很多身懷絕技的勾調師都無緣展露身手。如果一個勾調師連續兩年都沒有一個方案被採納，就必須換崗。

白酒勾調理論得到業界認可，源於前文曾提到的一篇文章，即

1965 年由李興發、季克良等人撰寫的研究報告《我們是如何勾酒的》。正是這份引發白酒行業巨大變革的研究報告，奠定了李興發一代勾調大師的地位，同時也為茅台酒的科學勾調打下了堅實的基礎。

正規白酒生產廠家的勾調絕對不包括加水和加酒精，那是對酒的褻瀆。臺灣作家唐魯孫號稱喝遍中國名酒，但他在關於茅台酒的回憶中說，茅台酒是勾調出來的，最好的茅台酒勾調的是陳年老酒，而只售一塊大洋的普通茅台酒則勾調的是普通燒酒。由此看來，唐魯孫可能喝了不少假茅台，或者根本就沒弄明白茅台酒的製作工藝。茅台酒確實是勾調出來的，但所調的是不同年份、不同生產批次的茅台酒，而非別的任何酒。

茅台酒無論作為禮品酒還是今日的商務酒，最重要的依靠是「品質通天」的觀念及其始終如一的堅持。

茅台酒的勾調最核心也最機密的環節是小勾。勾調師要反復勾調以確定「基酒」的香型和味道，拿來反復勾調的酒少三四十種，多的時候竟超過三百種。基準確定之後，才可以大範圍勾調。至少這個環節是機器不能勝任的。茅台酒廠老資格的評酒師汪華去威士忌酒廠參觀後曾感慨地說，所有的好酒都是舌頭而不是機器在發言。因為她發現蘇格蘭那些老酒廠的勾調和評酒過程，基本和茅台所採用的相同。

茅台的評酒師高手雲集。評酒師們的鼻子和舌頭相當寶貴，而且很難被機器或其他人取代。有外國人曾說過，釀酒大師季克良有「世界上最貴的鼻子」，指的就是其評酒的功力。評酒會上，評酒師們不斷地在端到自己面前的兩種酒中挑出好的一種，然後投票。最後，在當天的八種酒中選出最好的一種作為大勾的配方。要知道這八種酒也都是大師之作。評酒師平時不可以吃辣椒之類的刺激性食物，也不能吃糖，以免損傷味覺。對於做湯炒飯都加辣椒的貴州人來說，這當然是一種折磨。

評酒師們常說，好酒都有老陳的香味，那種味道的唯一製造者是時間。周恩來當年招待尼克森喝的茅台酒就是用各種不同年份酒勾出來的，裡面有三十年的陳酒，專家們都說那種老香無可比擬。我曾在仁懷市的一次家宴中三人共飲一瓶茅台，很是輕鬆，喝完才知道這瓶酒是 2005 年出廠的。真正接觸不可比擬的陳酒，是在茅台酒廠一位主管家，品嚐一瓶 1985 年出廠的茅台酒，只是大家都不忍多喝，太珍貴了。據說如果放到收藏家手裡，脫手價可能接近二十萬元。

「嚴格地注明一切，勾調時才不容易出錯。」嚴格執行新酒入庫標注制度是正確勾酒的基本保證。茅台酒的勾調是在酒庫封閉完成的。茅台酒庫的占地面積是車間的三倍，六層高的樓房計有兩百多棟，裡面堆滿了等待老熟的酒。不同的倉庫堆放不同年份的酒，但存放那些六十多年老酒的倉庫是哪間，作者自然也不知道，屬於機密。茅台酒廠的酒庫外人根本無法進入，即使因為工作關係進入了酒庫，也要經過嚴格檢查，連董事長也不例外。

二十世紀九〇年代，借鑒國外葡萄酒、白蘭地、威士忌的等級概念，中國開始出現了「年份酒」。

年份酒的「年份」是指陳釀時間，即酒從原料生產出來（基酒），經過儲存（陳釀）、勾調成成品所耗的時間。需要重點說明的是，中國市場上的「三十年陳釀」，並不是指整瓶酒存放了三十年，而是在基酒中添加一定比例的三十年陳酒。需要注意的是「一定比例」，因為需要添加多少陳酒，全憑勾調師的經驗，他說多少合適就多少，當然這同樣屬於機密。

茅台酒廠最早在白酒界推出「年份酒」，而且先後推出四種：十五年、三十年、五十年、八十年。1997 年七月首次包裝三十年和五十年陳年茅台，1998 年五月首次包裝八十年陳年茅台，1999 年一月首次包裝十五年的陳年茅台。

茅台酒因特殊的勾調工藝而存放老酒較多，這是各類茅台年份酒的物質資源保證。

特別值得一提的是茅台酒八十年陳釀，每年限量生產，是中國國酒之尊。有消費者認為，八十年的茅台年份酒，就應當全是由陳放期達八十年的茅台酒灌裝的，但這是一個誤解，因為這種看法並不符合茅台酒的生產規律和物質組成規律。不同酒精濃度、不同香型、不同次數、在不同儲存容器和不同儲存環境條件下的不同年齡的酒，品質會有明顯差異。單純某一年份、某一輪次的儲存老酒，未經勾調，未經嚴格的理化分析，香味組合成分的量比關係會失調，並不適合飲用。所謂八十年茅台年份酒，其實是拿不同年份、不同次數、不同典型酒體的酒加入一定比例的已存放八十年的老基酒相勾調，最終形成符合特定口感和品質風格的成品酒。

第一批八十年茅台年份酒，採用的是1915年巴拿馬萬國博覽會獲金獎後華茅和王茅封罈珍藏的老茅台酒，精心勾調而成，未添加任何香氣和香味物質。外包裝古典、雅致，內包裝為楠木木盒，陶瓶用中國宜興紫砂陶燒制而成。酒盒內還配有一枚24K純金巴拿馬萬國博覽會金獎獎章（仿製），重半盎司。盒子、鑰匙、瓶底都有統一編號，內附袁仁國、季克良新老兩任董事長簽名的收藏證書。對於收藏者絕對是難得的珍品。常說人生七十古來稀，何況八十高齡茅台酒？

茅台酒是不是越陳越好？

純淨的酒精水溶液幾乎是沒有香味的，而一般的白酒具有獨特的色、香、味。包括茅台酒在內的白酒散發出的芳香氣味主要是乙酸乙酯在發揮作用。新酒中乙酸乙酯的含量極少，是酒中的醛、酸反倒刺激喉嚨，所以新酒入口生、苦、澀；新酒需要數月乃至數年的自然窖藏過程消除雜味，才能散發濃郁的酒香。

新酒放在酒罈裡密封好，長期存放在溫濕度適宜的地方，罈中的酒就會發生化學變化，酒裡的醛類物質便不斷地氧化為羧酸，而羧酸再和酒精發生酯化反應生成具有芳香氣味的乙酸乙酯，這個變化過程行業內稱之「陳化」。只是這種化學變化的速度很慢，有的名酒陳化時間需要幾十年。之所以茅台酒每支必存放五年才出廠，首先就是陳化的需要。

酒要陳化，但也並非越陳越好。如果酒罈不經密封或密封條件不好，加之溫溼度條件不當，時間長了不僅酒精會跑掉，而且還會變酸、變餿，進而酸敗成醋。因為空氣中存在著醋酸菌，酒與空氣接觸時，醋酸菌便乘機而入，酒精發生化學變化而成醋酸。

說茅台酒陳酒更好，也是有條件的，尤其是對器具、器皿和存放環境有嚴格的要求。倒是現代科技可以利用輻射方法照射新酒，縮短陳化時間。而科學工作者開發的陳化設備，非常適用於優質酒的加速陳化，八至十分鐘即可獲得半年到一年的陳釀效果。

因為茅台酒的儲存工藝特殊，即使是當年出品的茅台酒也已經是「五年陳釀」，所以一般的酒友對年份差距不大的茅台酒很難分辨，但如果拿茅台酒和其他醬香酒的新酒相比就非常明顯。而茅台酒廠的陳年老酒又有別於一般的茅台酒，更與其他醬香新酒差異懸殊。

一看色澤。一般新酒無色透明，而陳酒帶微黃色，越陳的醬香型白酒，黃色越濃且清晰。

二是聞香。新酒多少有些刺鼻，而陳年酒聞香溫和，老味飄香，幽雅細膩。

三是嚐味。新酒有些刺舌尖，如品一點滿口散，而陳年酒是成「團」進口進喉，越陳越不散。

四是感受。當你一口把酒喝到胃裡，胃的反應有燒灼感即是新酒，陳年酒是不會有刺激感的，胃裡會慢慢有熱感，漸漸擴散至全身。

五是空杯留香。當喝光杯中酒，新酒在杯子裡的留香比較容易消失，而陳年酒越陳，香氣在杯子裡停留的時間越長，有的陳年酒空杯留香的時間長達五天以上。

六是體驗。陳年酒經過五年以上的儲藏，容易揮發的物質已經揮發了很大一部分，相對新酒而言，自然對人體的刺激微弱。

還有一種「小批量勾調」的茅台酒，為茅台酒大家庭中的上乘之作。小批量勾調酒是茅台酒廠多位勾調大師在茅台酒傳統生產技藝的基礎上，甄選不同年份的茅台酒，小批量精心勾調而成。每款小批量勾調酒均嚴格把關，酒體保持茅台酒卓越品質的同時，擁有鮮明的個性和豐富的口感。據傳當年茅台酒廠為周恩來、鄧小平等喜愛茅台酒的領導人進行過小批量勾調，而現在基本不再使用小批量勾調工藝了。2012 年為了參加奧地利世界烈酒大賽，小批量勾調茅台酒再度出山，一舉戰勝了三十個國家、七十五個優質烈酒廠商的五百多種烈酒，包括阿爾普頓牙買加朗姆酒、百加得馬丁尼、卡慕幹邑、亨利爵士高級金酒、蘇格蘭威士卡、勞巴德酒、梅克斯馬克、威士卡、麥迪沙酒、人頭馬等眾多知名品牌，榮獲大賽金獎。

鹿山先生蕭吉堂光遠見示《七十遺懷》之作屬和，
歌以壽之（節選）——趙懿

此為極樂世絕少，請堪自此長攜壺。
吾謀區區倘可用，芳醪且向茅台酤。

第四章

迷人的53°

18 醬香始祖

全球各地的酒品種類繁多，風味各異。對這些燦若星河的酒分門別類，是很多人樂意做的一件事情，但同時也是吃力不討好的一件事情。迄今為止，還沒有哪一種分類能得到比較一致的認可而不引起爭議的。比如烈酒也就是蒸餾酒，通常被分為八大類，即金酒（Gin）、威士忌（Whisky）、白蘭地（Brandy）、伏特加（Vodka）、朗姆酒（Rum）、龍舌蘭酒（Tequila）、中國白酒（Spirit）、日本清酒（Sake），而茅台則認為，威士忌、白蘭地和貴州茅台為世界三大著名蒸餾酒。再比如葡萄酒，按照歐盟葡萄酒相關法律規定，每瓶葡萄酒都要標明原料、工藝和品質等級，但具體等級由各國自己制定。結果，法國、德國、西班牙、義大利制定的等級標準都不一樣，很難直接進行比較，讓不懂葡萄酒的人一頭霧水。

酒的風格無非是由色、香、味三大要素組成。一般來說，根據這三大要素對酒進行分類，就不會引起太大的爭議。此外，各個國家均有不同於其他國家的酒文化，根據傳統的酒文化對酒進行分類，同樣也是可取的。白酒是中國傳統而獨有的產品，但釀造工藝五花八門，酒的風格千姿百態，酒的種類豐富多彩，分類也不是一件容易的事情。二十世紀六〇年代中期開始，為了加強管理，提高品質，也為了相互學習，做好評比，以周恒剛等酒界泰斗為主體的相關專家對白酒的香型進行了系統的研究，透過對酒內香味成分的剖析、香氣成分與工藝關係的研究，把中國白酒分成不同的香型。1979 年第三屆全國評酒會上，實施按香型進行評比。自此之後，白酒的香型分類漸漸為國內廣大消費者接受，並最終得以定型。

按照香型，中國白酒被分成五大類型：

一是濃香型白酒。以瀘州老窖為代表，所以又叫「瀘香型」。濃香型白酒窖香濃郁、綿甜爽淨，主體香源成分是己酸乙酯和丁酸乙酯。瀘州窖酒的己酸乙酯含量比清香型白酒高幾十倍，比醬香型白酒高十倍。另外酒中還含丙三醇，使酒綿甜甘洌。酒中含有機酸，起協調口味的作用。濃香型白酒的有機酸以乙酸為主，其次是乳酸和己酸，特別是己酸的含量比其他香型的白酒要高出幾倍。濃香型白酒大多以高粱、小麥為原料，中溫制曲，原料混蒸混燒，採用周而復始的萬年糟發酵工藝，用曲量為 20%左右。採用肥泥窖，為己酸菌等微生物提供棲息地，並強調百年老窖。瀘州特曲、五糧液都號稱是數百年老窖釀成。上市前儲存期為一年。除瀘州老窖外，五糧液、古井貢酒、雙溝大麴、洋河大麴、劍南春、全興大麴、郎牌特曲等都屬於濃香型白酒，貴州的鴨溪窖酒、習水大麴、貴陽大麴、安酒、楓榕窖酒、九龍液酒、畢節大麴、貴冠窖酒、赤水頭曲等也屬於濃香型白酒。

二是醬香型白酒。因散發類似豆類發酵時的醬香味而得名，又因源於茅台酒工藝，故又稱「茅香型」。醬香型白酒優雅細膩，酒體醇厚、豐富、回味悠長。醬香不等於醬油的香味。從成分上分析，醬香酒的各種芳香物質含量都較高，而且種類多，香味層次豐富，是多種香味的複合體。香味又分前香和後香。所謂前香，主要是由低沸點的醇、酯、醛類組成，起呈香作用；所謂後香，是由高沸點的酸性物質組成，對呈味起主要作用，也是空杯留香的構成物質。茅台酒是這類香型的楷模。根據國內研究資料和儀器分析測定，它的香氣中含有一百多種微量化學成分。醬香型白酒的原料有高粱（釀酒）、小麥（制大麴），高溫大麴，原料清蒸，採用八次發酵、七次蒸酒，用曲量大，入窖前採用堆積工藝，窖池為石壁泥底。儲存期三至五年。醬香型白酒的主要產地在貴州。除茅台酒外，貴州還有習酒、懷酒、珍酒、貴海酒、黔春酒、頤年春酒、金壺春、築春酒、貴常春等醬香型白酒。此外，四川的郎酒也是享譽國內的醬香型白酒。郎酒產地雖歸屬四川，但酒廠所在的位置在赤水河流域，與貴州醬香型白酒主產區僅一河之隔。這說明白酒的香型與地理環境有著十分密切的關聯。

三是清香型白酒。傳統老白乾風格，以山西杏花村的汾酒為代表，所以又叫「汾香型」。清香型白酒芬芳純正，諸味協調，甘潤爽口，餘味爽淨。主要香味成分是乙酸乙酯和乳酸乙酯，從含酯量看，比濃香型、醬香型都要低，且突出了乙酸乙酯，但乳酸乙酯和乙酸乙酯的比例協調。清香型白酒的原料除高粱外，制曲用大麥、豌豆，制大麴的溫度較濃香型、醬香型都低，一般不得超過 50℃。清蒸工藝，地缸發酵。儲存期也是一年。除汾酒外，寶豐酒、特製黃鶴樓酒也是清香型白酒。

四是米香型白酒。米香型白酒兩千年前以桂林三花酒代表，兩千年後以冰峪莊園大米原漿酒為代表。米香型白酒蜜香清雅，入口柔綿，落口爽淨，回味怡暢。主體香味成分是 β －苯乙醇和乳酸乙酯。在桂林三花酒中，這種成分每百毫升高達三克，具有玫瑰的幽雅芳香，是食用玫瑰香精的原料。米香型酒酯含量較低，僅有乳酸乙酯和乙酸乙酯，基本上不含其他酯類。米香型白酒的原料為大米，糖化發酵劑不用大麴，而用傳統的米小曲，採用半液態法發酵工藝，與其他白酒的固態發酵相區別。發酵週期僅七天左右，比大麴發酵的時間少五分之一以上。儲存期也較大麴酒短，僅三至六個月。全州湘山酒也屬米香型白酒。

五是其他香型酒。除以上幾種香型外的各種白酒，統屬其他香型。有些白酒工藝獨特、風格獨具，對其香型定義及主體香氣成分有待進一步確定，或者以一種香型為主兼有其他的香型而無法歸類，所以劃歸到其他香型。其他香型酒以董酒為典型代表，因為風格特異又被人們稱為「董香型」。其風格特點是香氣馥鬱，藥香舒適，醇甜味濃，後味爽快。主要香氣成分也是乙酸乙酯和乳酸乙酯，其次是丁酸乙酯，藥香以肉桂醛為主。由於含酸量較高，而且有比例的丁酸，所以風味特殊，帶有腐乳的香氣。西鳳酒也屬於其他香型白酒，而且自成一派。產自江西樟樹的四特酒，「整粒大米為原料，大驁面麩加酒糟，紅褚條石壘酒窖，三香俱備猶不靠」，因其香型風格獨特，被中國白酒泰斗周恒剛先生定義為「特香型」。江西另一名酒——李渡高粱，承襲古法，分層蒸餾，量質摘酒，香味和諧、淨爽、秀雅，為兼香型白酒中的上品。以山東景芝酒為代表的芝麻香型，從其他香型白酒中分支出來，成為一個獨立的香型酒種。濾頭醬、平壩窖酒、匀酒、朱昌窖酒、金沙窖酒、泉酒、山月老窖等，均採用大小曲工藝，產品有自己獨特的香味與風格，都屬其他香型。

白酒香型的劃分是相對的。同屬一種香型的酒，仍有自己的個性風格特點。白酒的香型就好比京劇的唱腔流派，梅、程、尚、荀四大名旦，餘、言、高、馬四大鬚生，是大的流派，大流派中又有支派，既允許發展個性，形成新的流派，同時又允許大的流派之外並存其他流派。隨著技術的進步，釀酒工藝也在不斷革新，當更多的新工藝出現時，還會產生更多的新香型。

醬香型白酒之所以自成一派，就是源自茅台酒，所以醬香型又稱茅香型。不僅如此，茅台還是醬香型白酒工藝的科學總結者，是醬香型香味成分的發現者，是醬香型白酒這一稱呼的創立者。因此，稱茅台為「醬香始祖」，名實完全相符。

在中國白酒香型的系統研究成果沒有產生之前，茅台酒與其他白酒一樣，也沒有香型定位。歷史上，茅台酒一直被籠統地稱作「燒酒」。雖然也有諸如茅台燒、華茅、王茅等各種各樣的正式叫法，但既沒有帶有香型特點的命名或稱呼，也沒有以香型為突出特點的宣傳。然而，茅台酒有別於其他白酒的獨特醇香，時刻刺激著茅台酒的釀酒大師們，激發著他們對茅台酒獨特醇香深入研究的興趣。

1964 年，茅台酒廠經驗豐富的酒師李興發率領的科研小組，對茅台酒香型的研究取得重大突破。他帶著三種不同香型的茅台酒，給在茅台酒廠調查研究的三位國內白酒專家品嚐，並向三位專家簡單表述了自己的研究成果。三位專家一致認為，這三種酒的味道迥異，差異明顯。在得到初步的認同後，李興發給這三種酒體分別命名，他把醬香味道好、口感幽雅細膩的稱為「醬香」，把用窖底酒醅釀烤、有明顯窖泥香味的稱為「窖底」，把香味不及醬香型但味道醇甜協調的稱為「醇甜」。

李興發是茅台酒廠剛剛成立時就進廠當工人的茅一代。師承中國白酒的一代宗師鄭義興，同時也是後來茅台酒廠掌門人季克良的老師。從 1955 年起，李興發長期擔任茅台酒廠主管技術的副廠長，是典型的技術派。

李興發發現醬香、醇甜和窖底三種典型酒體的那一年，季克良剛剛進入茅台酒廠擔任技術員。季克良是食品發酵專業畢業的大學生，與李興發這一代釀酒師比較，屬於科班出身，理論功底扎實。於是，李興發這個堪稱偉大的發現，就交由季克良做最後的提煉和總結。

1965 年，在四川瀘州召開的全國第一屆名酒技術協作會上，季克良宣讀了，用科學理論總結整理李興發研究小組的研究成果《我們是如何勾酒的》，向業界正式公布茅台酒醬香、醇甜和窖底三種典型酒體的發現。

經李興發研究小組研究發現，茅台酒中揮發性和半揮發性成分 963 種，不揮發或難揮發性成分 450 ～ 500 種，總成分種類在一千四百種以上。三種典型酒體的主要成分分別為：醬香酒體多含羰基化合物，如 3 －羥丁酮、雙乙醯、糠醛等，較多含有酚類化合物和雜環化合物，如4－乙基愈創木酚、香草醛、阿魏酸、丁香酸等；醇甜酒體以多元醇含量較多，如丁二醇、丙三醇、丙二醇、環己六醇等；窖底酒體多含醛類、揮發性的低沸點乙酯類化合物，如乙醛、乙縮醛、異戊醛、己酸乙酯、乙酸乙酯、丁酸乙酯、乳酸乙酯、丁酸、己酸等。其中，醬香酒體是茅台酒的主要酒體，是構成茅台酒的主體成分。

季克良的報告語驚四座，回響熱烈，與會專家高度重視。幾個月後，輕工部在山西召開的茅台酒試點論證會上，正式肯定茅台酒三種典型酒體的發現，確定了茅台酒醬香型的命名。

正是茅台酒三種典型酒體的發現，拉開了中國白酒香型劃分的序幕。所以說，茅台酒三種典型酒體的分型，不僅是茅台酒劃時代的發現，也是中國白酒界革命性的巨變。此後，中國白酒界的專家按照茅台酒三種典型酒體劃分的思路，開始對中國白酒的香型進行系統研究並取得了重大突破。1979 年全國白酒評比會上，明確將中國白酒劃分為五種香型：醬香、濃香、清香、米香、其他香，把以香型劃分中國白酒的做法正式確定下來。

李興發的技術專長在勾調，是茅台酒廠的一代勾調大師。三種典型酒體的發現，完善了茅台酒的傳統生產工藝，使勾調工藝更科學。同時，還為白酒香體鑒別做出了開創性的貢獻，為白酒行業提供了規範、科學的評比標準。正是因為這一巨大的貢獻，李興發被稱為「中國醬香之父」。

2011 年，醬香型白酒國家標準（GB ／ T26760—2011）由中國國家標準化管理委員會正式發布，作為行業推薦性標準於當年的十二月一日起正式實施。這一中國醬香型白酒的首個國家標準，是中國國家標準化管理委員會委託貴州省主持制定的，茅台酒廠是制定該標準的主要參與者。

濃烈的醬香就是茅台酒之魂。茅台酒的香氣以醬香為主體，融醬香、窖底香、醇甜香等多種香味於一體，你中有我，我中有你，既有主體滋味的濃重，又兼有其他味中之味。茅台酒的醬香是「前香」和「後香」的複合香，「前香」以酯類為主，呈香作用較大；「後香」以酸性物質為主，是空杯香的特徵成分，呈味作用較大。啟瓶時，首先聞到幽雅而細膩的芬芳，這就是前香；繼而細聞，又聞到醬香，且夾帶著烘炒的甜香；飲後空杯仍有一股香蘭素和玫瑰花的幽雅芳香，而且數日內不會消失，被譽為空杯留香，這就是後香。前香、後香相輔相成，渾然一體，卓然而絕。

散文大家梁實秋也寫過茅台酒的香：一九三〇年他任教於青島大學，校內有「飲中八仙」，包括他在內。教務長張道藩（貴州人）有一次請假回貴陽，返校時帶了一批茅台酒，分贈「八仙」每人兩瓶。白酒非他們所愛，就都置之高閣。後來梁先生的父親從北京來青島小住，「一進門就說有異香滿室，啟罐品嚐，乃讚不絕口。於是，我把道藩分贈各人的一份盡數索來，以奉先君，從此我知道高粱一類其醇鬱無出茅台之右者。」

品鑒茅台，宜首觀其色，次聞其香，三品其味，四持空杯念其芳。蕩香觀色為品鑒茅台酒的第一步。舉杯輕搖，酒漿掛杯不散，細細的酒花沿杯而生，旋即複歸於滅。複觀其色，欣賞茅台酒純美的自然色彩。正宗的茅台酒一般清澈透亮，純淨柔和；年份略長的茅台酒則微微發黃，有厚重樸實之感。

第二步可聞茅台酒香。茅台酒之奇香，遠在其他白酒之上。品茅台酒，必聞其香。開封瞬間，即香氣四溢，奇香滿室。倒酒入杯，執杯於鼻下，輕嗅其味，則芳香撲鼻而來，沁人心脾。輕晃再聞，香氣縈繞，綿綿悠長。

咂香品其味為品鑒茅台酒的第三步。品茅台酒有三步驟，一抿二咂三呵。

一抿，將酒杯送到唇邊，含一小口，吸氣，讓酒漿在口腔中肆意流淌，舌尖被甜酸包圍，舌側微澀，舌根微苦，緩緩咽下，柔和之感遍布。二咂，輕咂嘴巴，將酒咽下，飲後輕咂嘴，舌根生津。三呵，滿口生香之際，先吸氣後哈氣，任由酒香自鼻腔悠悠噴出。此三步驟要絲絲入扣，渾然一體，用心凝神而又從容淡定，充分調動味覺、嗅覺，捕捉每一個酒分子的香味，獲得綜合的美感享受。

最後手持空杯，複聞餘香。茅台酒飲後空杯留香，且久久不散，持杯聞香，回味無窮。

品飲茅台，一般沒有特殊的溫度要求，這與飲用其他白酒基本一致。人的味覺最為靈敏的溫度範圍為21～31℃。低溫使舌頭麻痹，高溫給舌頭以痛感。甜酸苦鹹鮮五種味道的強弱程度與溫度變化的關係不盡相同：甜味在37℃左右時最能品味出來；酸味與溫度關係較小，10～40℃範圍內味感差異不大；苦味則隨溫度升高而味感減弱；鹹味的強弱之於溫度的分界線為 26℃，高於或低於這一溫度，鹹味便會隨溫度的升降而逐漸減退。

人的大腦往往優先處理高於 35℃的「燙」的資訊，此時對其他風味的體會將減弱。在 15 ～ 35℃間，甜苦鮮味隨著溫度增加而信號增強。白酒含有 98％的乙醇和水，以及 2％的微量成分，其中有上千種物質對風味與口感做出相應的貢獻。綜合下來，可以推斷出品飲茅台酒的適宜溫度為 21 ～ 35℃。

茅台名酒——王彝玖

樽前競贊茅台酒，華老時邀為至友。

一石猶嫌未盡歡，千鐘飲罷方回首。

19 經典的 53% VOL.

只要是略微瞭解茅台的人，就一定知道茅台酒有一個經典的酒濃度：53% VOL.。

酒的度數表示酒中含酒精（乙醇）的體積百分比。凡是酒都有酒濃度，啤酒、葡萄酒、果酒、白酒或其他雜七雜八的酒，無一例外都含有酒精。酒的度數測定通常是在20℃恒溫條件下，用儀器（酒表）測量單位體積所含酒精量。如果一百毫升的成品酒中含有五十毫升的酒精，那麼這就是50度的酒。茅台的53度酒，就是指一百毫升茅台酒中含有53毫升的酒精。酒精濃度都是以容量比來計算，所以酒精濃度標注為「VOL.」，以示與重量計算之區分。也有以酒精濃度的單位V／V作為標注方式的，表示酒精的體積與酒的體積之比，50度的酒則標注為50%（V／V），其含意是一百單位體積的酒中含有五十單位體積的酒精。兩者的區別不大，一般也不作區分，日常的用法都是多少多少「度」。

酒精度數的測定和表示源於法國著名化學家蓋·呂薩克（GayLusaka）的發明。因為這種表示方法比較容易理解，使用較為廣泛，因而又被稱為標準酒度，也稱為蓋·呂薩克酒度。除了用百分比表示，有的酒也用這一表示法的發明者名字的縮寫GL表示。

英、美兩國不使用標準酒度，而是分別用英制酒度和美制酒度。英制、美制酒度怎麼來的、怎麼測的就不細說了，列個換算公式，就可以輕鬆算出英、美洋酒的度數。

標準酒度 ×175 ＝英制酒度；

標準酒度 ×2 ＝美制酒度；

英制酒度 ×8÷7 ＝美制酒度。

中國白酒種類繁多，酒精度數因各地的飲用習慣和釀酒工藝的不同而有較大區別。從地域上來看，東北地區豪飲者多，喜好高度酒，白酒通常在50度上下；兩廣地區氣候炎熱，偏好低度酒，散裝米白酒一般就只有 40 度左右；燕趙地區自古以來多慷慨悲歌之士，喝起酒來猛氣十足，二鍋頭、老白幹、燒鍋這樣 60 度以上的白酒隨處可見。從工藝上來看，濃香型白酒可以蒸餾出 70 多度的原漿酒；醬香型白酒因工藝不同，只能蒸餾出 50 多度的基酒；米香型白酒採用自然發酵工藝，釀出來的酒很少超過 20 度。按照通常的認識，50 度以上為傳統白酒的酒度，一般被看作是高度酒，40 度以下的為低度酒，介於兩者之間的為中度酒。

酒度的測定方法大致有三種。一是傳統方法，看酒花。在沒有酒表的情況下，將酒慢慢地倒入容器，觀察落在容器裡的酒花，根據其大小、均勻程度、保持時間的長短，來確定酒精成分的含量。這種方法的準確率可達 90%。二是用火燒。將白酒斟在盅內，點火燒煮，火熄後，根據剩在盅內的水量確定酒精的含量，這種方法受外界條件的影響較大。三是用酒表。此法簡單精確，把酒精計和溫度計直接放入酒中，三～五分鐘即可讀取酒精度數。這也是現在各大酒廠的通用方法。

茅台酒最為經典的酒精濃度是 53 度，這也是目前所有茅台酒中最高的酒精濃度。

在茅台酒的早期歷史上，人們並沒有什麼酒精濃度的概念，反正是好酒，打開瓶蓋喝就是。1951 年從燒坊發展為茅台酒廠後，才有了酒精濃度的測定和標注，高度茅台酒的酒精度數一直在 53 度左右。一段時間也曾有過 54 度和 53±1 度的茅台酒，隨著生產工藝的穩定和對茅台酒品質認知的提高，最後確定高度茅台酒的度數為 53

度。茅台並不僅僅只有53度的高度酒，也有43度、38度等度數稍低的茅台酒。為適應年輕消費群體快節奏生活方式，而創立的43度茅台酒，幽雅細膩，低而不淡，加冰加水不渾濁，品質同樣純正。

為什麼茅台酒的53度成為經典的酒精濃度呢？有一個最廣為人知，貌似也很科學的說法：只有當酒精濃度在53度時水分子和酒精分子結合最牢固，親和力強，配比最協調，酒味柔和因而能產生絕佳口感。有個經典的科學實驗，53.94毫升的純酒精加49.83毫升的水，混合物體積不是103.77毫升而是一百毫升，減少了3.77毫升。這個實驗足以說明，蒸餾酒的酒精精濃在53度時，水分子和酒精分子締合最緊密。53度為蒸餾酒最佳酒精濃度的說法，大多由此推斷而來。

白酒不宜超過68度，否則不適合飲用。日常用於消毒的酒精，純度也只有75%。國外諸如白蘭地、威士忌、伏特加等傳統名酒，酒精濃度都在65度以上，但飲用時都必須做加漿降度處理。作者喝過最高度數的中國白酒是75度，度數太高，並不好喝。至於96度的波蘭精餾伏特加，89.9度的愛爾蘭苦艾酒，都是可以用來配製醫用酒精的，喝的時候要禁止火燭，否則一不小心就會燃燒起來。所以，度數過高的酒，因為健康、安全、口感等因素，並不適合飲用。在有些國家，度數太高的酒都在禁售之列。

白酒度數太低，儲存是個令人頭疼的問題。低於40度的白酒就不適合長期儲存，因為微生物會讓酒變質變酸，嚴重影響口感。

所以，中國的高度白酒都以50度以上為主流，茅台酒的53度最為經典，五糧液、劍南春、瀘州老窖也都以 52 度為主打。走主流路線，符合中國人的飲食習慣，不偏不倚，中規中矩。

有人認為，白酒的度數越高品質越好。其實，這是一種錯誤的認知，高度酒和高品質並沒有必然的聯繫。

酒精度數高，溶解的呈香呈味物質多，複合感明顯，對口腔刺激也更強，過酒癮的效果肯定強於低度酒。但酒的度數與品質風味沒有太大的關係，高度酒中也有不適合人們飲用的酒，低度酒中也有品質很好的酒。

中國白酒中，瀘州老窖曾經生產過 73 度的基酒，不過需要經過勾調降低度數後才上市。一些農村和少數民族自釀的糧食酒，度數最高可達 75 度，而且不經勾調直接飲用原漿，極易醉酒。

國外蒸餾酒的度數更是高得讓人恐懼。除了上文提到的當今世界度數最高的波蘭精餾伏特加外，「生命之水」愛爾蘭的 Poitin、美國的 Everclear190、玻利維亞的 Cocoroco、蘇格蘭 Bruichladdich X4 Perilous 威士忌等等都在 90 度以上，比醫用酒精的濃度還要高。

酒精度數如此之高的烈性酒，並非就是好酒。相反，這些烈性酒是對生命極其危險的液體，過量飲用，容易引起慢性酒精中毒，導致神經系統、胃腸、肝臟、心臟、血管等疾病，因而並不適合人類飲用。

酒友們經常說的一句話是「低度無好酒」。就低度酒容易變質這一點來說，這個說法有些道理，但不免以偏概全，品質優秀的低度酒並不少見。有些低度酒勾調痕跡太重，有害物質較多，由於香味不足，還要加入增稠劑、香味劑等化學物質，再加上放久了變質變酸，喝了的確會頭暈口乾。但大部分低度酒都是高度酒經過降度處理（在釀酒工藝中稱「加漿」）而成，並不是人們認為的簡單加水勾調。優質低度酒的工藝比高度酒還要複雜。中國白酒的特點是甘洌芳香、酒度較高。一旦降度，就和原酒的風味有明顯差異，出現渾濁乃至沉澱，水味較重。勾調時如何保證低而不淡、低而不雜、低而不濁，並具有原酒風味，是一件很不容易的事。一般要經過基酒選擇、加漿降度、渾濁處理、調香調味、靜置儲存等多個工藝工序才能生產出優質的低度白酒，勾調難度要大於高度酒。一些名優低度白酒需要經過數次勾調，才能達到理想的品質。降度後的渾濁處理手段也多種多樣，但要在除去渾濁的同時，又不至於同時除去其他香味，難度也很大。

有的白酒入口很辣，但跟酒度沒多大關係。

純酒精在味覺上是微甜而不是辣。酒的成分非常複雜，除了水之外，還有醇類、醛類、酯類、酚類、酸類……這些物質共同構成了白酒的口感和風味，當然也包括辣味的程度。造成入口辛辣感的主要是醛類物質，其中成分最多的是乙醛。醛類含量越高，酒越辣，品質越差，對人的身體健康越不利。

醛類物質主要因釀酒過程中的操作控制不當而產生。輔料（如谷殼）用量太大，並且未經清蒸就用於生產，其中的多縮戊糖受熱後，生成大量的糠醛，產生糠皮味、燥辣味。發酵溫度太高，或清潔衛生條件不好，引起糖化不良、配糟感染雜菌，產生甘油醛和丙烯醛，辣味也會增加。發酵速度不平衡，前火快而猛，酵母過早衰老死亡，造成發酵不徹底，產生較多乙醛，酒的辣味也會增加。

除加強工藝控制、規範操作流程、減少醛類物質產生等辦法外，降低辣味的手段還包括陳放、勾調等。陳放的目的是等待酒的自然老熟，引起辛辣的物質逐漸揮發。勾調的作用在於使諸味協調從而掩蓋酒體的辛辣感，但因為醛類物質並沒有因此消失，所以不是真的不辣，而是在口感上覺得不辣。

中秋日攜兒彝、繩、猶子桐、橙過棠洲

（節選）——莫友之

君山夏水且勿論，酒舫魚湖今在手。
大兒赤足叫銅鬥，小兒更勸茅沙酒。

20 飛天傳奇

「飛天」是茅台酒廠一件註冊商標的名稱。商標圖案選自中國古代敦煌石窟中的壁畫飛天，借用在西方社會影響很大的「敦煌飛天」形象，由兩個飄飛雲天的仙女合捧一盞金杯，寓意為茅台酒是友誼的使者。貼上「飛天」商標的茅台酒被人們稱為「飛天茅台」。飛天茅台是茅台酒廠近年來的重點產品。然而，很多人可能並不知道，飛天茅台最早是用於出口至中國境外，直到很久後才開始在中國市場銷售。

說起飛天茅台的這段歷史，繞不過茅台國際化的前沿陣地——香港。遠在燒坊時代，茅台酒就已經登陸香港。1945 年中共抗戰勝利後，貴陽南明捲煙廠經理——謝根梅曾攜五百瓶茅台酒到香港銷售。1946 年，恒興燒坊委託南華華威銀行將三百瓶茅台酒運到香港試銷。1951 年茅台酒廠成立後，產品經由國家糖煙酒公司及外貿部門繼續在香港銷售，並逐漸向外延伸至澳門及東南亞地區。這片區域華人較為集中，因而很快就成為茅台酒外銷的主要目的地。但由於名聲大、銷路好、利潤高，制售假茅台酒的事件也頻繁發生。

在那個百廢待興的年代，人們的智慧財產權意識還相當淡薄。茅台酒在海外銷售多年，雖然包裝上也印有商標，但並未在銷售所在地進行商標註冊。這種現象並不為茅台酒所獨有，其他外銷產品同樣存在。而且，剛剛成立的茅台酒廠並未獲得獨立的出口經營權，產品的對外銷售權，歸屬國家糖煙酒公司或進出口公司等具有進出口經營權的機構，因而無法對茅台酒的海外銷售做系統的籌畫。

1951 年茅台酒廠剛剛成立時，曾為茅台酒申請註冊工農牌商標，但因其他酒廠已先行申請同名商標而未獲核准。幾經周折，才於 1954 年六月核准註冊金輪商標，並開始在中國銷售中使用。

在海外銷售不斷遭遇侵權的情況下，茅台酒廠於 1956 年委託香港德信行，在香港、澳門、新加坡、馬來西亞和東南亞其他地區，以「金輪」（曾用名「車輪」）為茅台酒進行商標註冊。金輪商標圖案的中心，當時中國流行的紅五星赫然在目。在這以後，對外銷售的茅台酒均以「金輪」為註冊商標。也就是說，從 1956 年開始，於中國內外銷售的同為金輪茅台。

後來，金輪因圖案中的紅五星，被國外一些不懷好意的政客渲染為帶有政治色彩，並因此在國外市場上遭到不公正待遇。此時，茅台酒廠仍然沒有獲得獨立的出口經營權，其產品的對外經銷都由貴州省糧油食品進出口公司全權代理。在金輪茅台遭受歧視的情況下，為改善茅台酒的外銷境遇，貴州省糧油食品進出口公司授權香港的五豐行，在香港為茅台酒註冊新商標。

1958 年十月十六日，用於外銷的茅台酒新商標「飛仙」在香港註冊成功。1959 年啟用該商標時，改「飛仙」為「飛天」。茅台酒正式使用「飛天」商標對外銷售，飛天茅台由此登上歷史舞台，拉開了傳奇的序幕。

貴州省糧油食品進出口公司一鼓作氣，陸續在美、俄、日等三十七個國家和地區進行了飛天牌貴州茅台酒的商標註冊，將飛天商標在全球範圍內的所有權悉數攬入懷中。

啟用飛天商標後，金輪茅台不再對外銷售，而用於中國國內銷售，對外銷售專營飛天茅台。

1966 年，茅台酒廠的「金輪」和「飛天」兩枚商標同時變更：「金輪」改為「五星」，並於 1982 年全版註冊後沿用至今；「飛天」改為「葵花」，在使用十年後，至 1976 年才得以恢復。

二十世紀九〇年代以後，隨著中國國力的提升，國際政治生態發生變化，五星茅台又可以出口國外，中國市場也獲得許可使用飛天商標。而且，經過多方協調，茅台酒廠終於在 2011 年，從貴州省糧油食品進出口公司，取得了飛天商標在全球範圍內的全部所有權。這樣，五星茅台和飛天茅台就在中國國內外齊頭並進，同時銷售。一直以來，五星茅台和飛天茅台，只是商標差異而已，批次相同，勾調一致，酒體無區別，酒質無差異。

如果對茅台酒的商標品牌還一頭霧水，記住茅台集團總經理李保芳總結的「金花飛舞」就行。「金」指金輪茅台，「花」指歷史上用過的葵花牌，「飛」當然是飛天，「舞」取諧音即指五星茅台。

如今，在茅台集團擁有的三百餘件註冊商標中，「飛天」是最具光彩的註冊商標，沒有之一。飛天茅台已經成長為茅台酒廠最具代表性的產品，業內人士和茅粉把最具代表性的 53 度飛天茅台簡稱為「普茅」。作為茅台酒廠的主力產品兼核心產品，飛天茅台近年來一直保持著單品酒銷售收入的全球紀錄。茅台集團產值的增長幾乎都由 53 度飛天茅台所貢獻。茅台的口碑、形象、聲譽、信用，茅台在市場上的風吹草動，都與飛天茅台有著直接關聯。

飛天茅台在投入中國市場銷售之前，銷量並不是很大，畢竟茅台酒的消費主力還是在國內。1976 年，飛天茅台的產量只有 28 噸，在茅台酒總產量中僅占 4%；二十世紀八〇年代飛天茅台產量突飛猛進，達到兩百噸左右，在總量中占比超過 15%。從數量上看，二十世紀九〇年代以前的飛天茅台，其實沒有五星茅台那麼強勢。

飛天茅台轉銷中國國內市場後，一飛沖天，連創佳績，鋒頭很快蓋過五星茅台。雖然茅台酒廠近年來不斷地推出茅台家族的系列產品，並花大力氣打造華茅、王茅、賴茅漢醬、仁醬、茅台王子酒等系列品牌，但飛天茅台持續熱銷，銷售量一路上升。2016 年，飛天茅台的銷售總量達到兩萬多噸。2017 年上半年，在茅台系列酒銷售取得重大突破（同比增長 268.72%）的情況下，飛天茅台的營業收入仍占總收入的 90%。由此可見飛天茅台的強勁，的確非同尋常。

茅台酒在過去五年的平均毛利率高達 91.1%，不但國內最高，即使在世界上也是數一數二的。不但在釀酒業遙遙領先，即使與其他行業相比也高高在上。以出品 Johnnie Walker 威士忌而出名的國際酒業巨頭帝亞吉歐毛利率只有 61%，可口可樂的毛利率是 60%，微軟的毛利率是 75%，谷歌的毛利率是 59%。在中國，緊隨茅台之後的五糧液，毛利率只有 65%。茅台如此之高的毛利率，原因就在於飛天茅台 90%以上的占比。可以說，茅台的高利潤率其實就是飛天茅台的高利潤率。

在商品供應極大豐富的今天，茅台斷貨的聲音不絕於耳。白酒銷售的淡、旺季之別，在飛天茅台那裡消失得無影無蹤，似乎全年都是旺季，每天都在熱銷。除了少數低潮時期價格有所略跌外，飛天茅台的價格經常呈現飆升狀態，茅台酒廠為抑制價格上升過快而設置的價格紅線經常形同虛設。

在通脹預期下，飛天茅台還是具有保值、升值功能的投資產品。

去年出廠的飛天茅台，到今年至少升值 10%。2013 年出廠的飛天茅台，三年後升值率在 100%以上。如果是陳年的飛天茅台，升值率還會更高。在收藏界，因飛天茅台自 1976 年到 2006 年的三十年間未在瓶身標註生產日期，民間交流和拍賣市場的價格受到影響，但仍是收藏愛好者的寵兒。一瓶 1959 年的飛天茅台拍賣價在一百萬元（人民幣）以上。不僅是陳年酒，就是陳年飛天茅台的空瓶都可以賣出不錯的價格，二十世紀八〇年代的陳年飛天茅台空酒瓶，在收藏市場一度被炒到一萬元（人民幣）以上。當然，這很不正常。

飛天茅台已經不僅僅是供品嚐飲用的白酒，而是變成了液體黃金，變成了投資對象，變成了珍貴藏品。

茅台酒這一名稱，至少有三種說法：一是在茅台鎮範圍內甚至在赤水河穀範圍內，採用茅台鎮傳統工藝生產的醬香酒都可以叫作茅台酒。二是茅台酒廠生產的白酒都可以叫作茅台酒。這點更少異議，茅台酒廠生產的酒不叫茅台酒還能叫什麼？三是專指五星茅台和飛天茅台。

「飛天」和「五星」商標在註冊時，是與貴州茅台酒捆綁在一起的，「飛天」和「五星」是商標，貴州茅台酒也是商標。也就是說，貴州茅台酒既是一種白酒產品，又是一個獨有的品牌。除茅台酒廠生產的飛天茅台和五星茅台外，任何其他的產品都不能標註為貴州茅台酒，茅台酒廠自己生產的其他產品也不例外，也就是說，只有「飛天」和「五星」才能是貴州茅台酒。飛天牌貴州茅台酒（簡稱飛天茅台）和五星牌貴州茅台酒（簡稱五星茅台）才是讓人引以為耀、引以為尊、引以為貴的正宗茅台酒。

「飛天」和「五星」商標圖案的設計者，於史料中已難以查找，2010 年發行的《中國貴州茅台酒廠有限責任公司誌》也沒有這方面的記載。貴州茅台集團企業商標和官網上，以及茅台酒的外包裝和廣告中廣泛使用的行書體「貴州茅台酒」五個字，出自嶺南書法大家——麥華山先生之手。麥華山為廣東省文史研究館館員，現代最有影響的書法理論家之一。他在題詞時已屆耄耋之年，次年即逝世於廣州。「貴州茅台酒」成為他最後題寫的酒名。茅台酒的外包裝上，採用威妥瑪拼音法，將「貴州茅台」拼成「KWEICHOWMOUTAI」，與中文拼音的拼寫有較大差異。二十世紀初茅台酒跨出國門走向世界的時候，中文拼音體系還沒形成。周有光先生主持開發的中文拼音方案，於 1958 年後才正式推廣使用。在此之前，都採用威妥瑪拼音法翻譯專用名詞。威妥瑪是一位英國外交家，同時也是著名的漢學家。他以羅馬字母為漢字注音，創立威氏拼音法。該拼音法在 1958 年推廣中文拼音方案前，被廣泛用於人名、地名等專有名詞注音，影響較大。1958 年後，逐漸廢止。但一些著名的專有名詞，其拼寫方法在此之前已為人們約定俗成，所以在 1958 年中文拼音推廣之後仍然使用威氏拼音法，「KWEICHOWMOUTAI」就屬於這種情況。

飛天茅台酒瓶瓶口的紅色絲綢飄帶，也是一大特色。紅飄帶是中國古代酒旗的化身。酒旗亦稱酒望、酒簾、青旗、錦飾等，是中國最為古老的廣告形式。在包裝車間的生產流水線上，機器貼標後，再用手工給一瓶瓶的茅台酒逐一拴上紅飄帶，據說紮紅飄帶也是機器比較難以取代人工的一件事情。每一條飄帶上都有一個從零到二十的編碼（為避免混淆，不用六和九兩個編號），每個員工手中的編碼不一樣，編碼為當天拴飄帶的員工工號，進入原始的工作檔案，透過編碼可追溯到這瓶酒的飄帶是出於哪個員工之手。紮飄帶的員工同時也是產品下線前最後一道兼品質檢測員。包裝車間一個班組一天要包裝三萬多瓶酒，每個員工一天要拴近三千條飄帶，完全手工操作，說紮飄帶的員工是茅台酒廠最心靈手巧的人，恐怕不會遭到太多的反對。

送莫生奉母避地皖江，兼覲其尊人子偲先生

（節選）——黎庶燾

莫生近有江上行，顧我黯慘難為情。
我執茅台一樽酒，相攜去折河橋柳。
男兒墮地重懸孤，四方天地皆吾廬。
那複窮愁戀鄉里，僅供人怒供人娛。

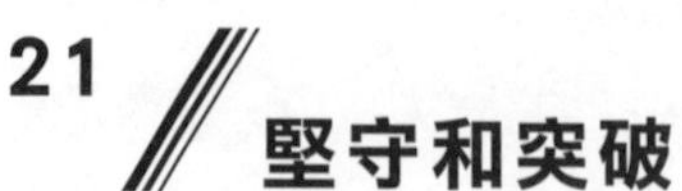

21 堅守和突破

每年的金秋時節，茅台酒廠都要隆重舉行祭祀大典，祭拜茅台的釀酒祖師，祭拜釀酒工藝的一代宗師，祭拜酒神。祭祀大典上，茅台的主祭人員身著禮服，為歷代祖師、宗師、酒神奉上高粱、美酒和香燭，虔誠行禮，宣讀祭文，宣誓承諾。莊嚴的儀典上，茅台人以自己特有的方式來敬天地，緬懷先賢，祭祀酒神，祈求風調雨順，釀出上等的美酒。

祭祀是中國傳統禮典的重要部分。「禮有五經，莫重於祭，是以事神致福」、「國之大事，在祀與戎」中國傳統文化歷來都很重視祭祀。每逢春節、元宵、端午、中秋、重陽等節日，各種類型的祭祀就會隆重登場，人們透過各種祭拜禮儀虔誠地表達對自然、神靈和祖先的感恩和崇拜之情。

中國釀酒業很尊崇一句話：「佳釀天成」。無獨有偶，西方釀酒業也經常說美酒天賜。兩者不謀而合，說明釀酒作為傳統手工業，要釀出好酒，必須占盡天時地利人和。所謂天時，不外乎風調雨順，五穀豐登，因而能為釀酒提供足夠的原料。所謂地利，就是要有適宜釀酒的土壤、水源和微生物群。包括茅台在內的很多釀酒企業對地理環境的依賴充分說明了這一點。所謂人和，就是一代又一代的工匠創造並傳承下來的釀酒技藝。中國白酒的釀造始於農業時代，時至今日，發達的工業化並未給釀酒業帶來太多的變化，釀酒過程中的傳統手工業成分仍然有較多保留，因而必須占盡天時地利人和，才能釀出好的白酒。

再高明的釀酒師也不敢保證他釀出的每一壇都是好酒，因為天時地利的差異，往往是造成酒好壞的重要原因。

祭祀大典表達的就是人們對天地的敬畏之情，對傳承千百年來優良傳統的虔誠意願，以及對堅守傳統工藝的信心。茅台鎮的自然環境得天獨厚，千百年來形成的釀酒文化與釀酒技藝代代相承，成就了聞名中外的茅台美酒。茅台人每年隆重舉辦的祭祀大典實屬虔誠所至，信仰所成。

如今，對茅台酒釀造工藝的傳承和堅守，已經成為茅台酒廠全體員工信守的品質文化理念：崇本守道，堅守工藝，儲足陳釀，不賣新酒。這十六個字不只被製成標語到處張貼在茅台酒廠，而且每一個字似乎都刻進了茅台人的內心。茅台人以近乎偏執的狀態牢牢堅守著醬香酒的傳統工藝，以精細的工藝保證茅台酒的品質。任何技術上的改進、生產規模的擴大，只要與傳統工藝相衝突並影響產品品質，就一定會被排除。

對傳統工藝的堅守，不僅僅是對「術」的堅持，更是一種對「道」的追求。茅台酒的醬香釀造工藝為非物質文化遺產，其工藝流程早就有了口訣式的總結概括。一瓶普通茅台酒從放置原料到出廠先後必須經過制曲、制酒、儲存、勾調、檢驗、包裝等六大環節、30道工序、165個工藝處理，全部工藝流程至少五年時間。複雜的工藝正是茅台酒的價值所在，偷工減料，忽視其中的任何一個工藝環節，哪怕只是在某一個小的工序上馬虎大意，生產出來的就不是真正的茅台酒。對傳統工藝的堅守，其實就是對茅台酒品質的堅守。

堅守傳統工藝，既是職業操守，也是職業能力。作為非物質文化遺產的茅台酒傳統釀造工藝，遠遠不是簡單地背誦工藝口訣就可以堅守的，也不是只按照工藝流程機械地操作就可以堅守的。實踐證明，在很多時候，酒師們的手感、目測以及對空氣光線等自然條件的運用比機器設備更有效。當其他白酒企業已經實現全面機械化的時候，茅台酒廠沒有盲目跟風，還在堅持人工制曲、人工上甑等工序，就是對茅台酒獨特生產工藝的堅守；當茅台酒的產能已達數萬噸仍然遠遠不能滿足市場需求的時候，茅台酒庫裡三十多萬噸新酒也不為所動，這就是對堅持儲足時間、堅決不賣新酒的堅守。

茅台酒不可以快速生產，不可以異地複製，不可以盲目地擴大規模，究其原因，仍然繞不開傳統工藝的影響。工藝決定品質，忽視傳統釀造工藝，片面追求數量上的跨越，最終也只能在事實面前敗下陣來。

茅台酒堅持的品質鐵律有四服從原則，即產量服從品質，速度服從品質，成本服從品質，效益服從品質。即使市場對茅台酒有著饑渴般的需求，即使巨大的經濟利益時刻誘惑著茅台，茅台也絕對不會突破陳足五年的工藝要求，絕對不會以降低品質為代價，去追求所謂快速發展。

茅台之所以傳承百年，離不開對崇本守道精神的堅守。從作坊到工廠，從計劃經濟到市場經濟，從燒坊品牌到民族精品，一百多年來的劇烈變遷中，正是鍥而不捨的傳承和堅守，才成就了屹立不倒的茅台傳奇。

堅守並不等於保守，傳承也不等於不思進取。在日新月異的工業化時代，固步自封必然被時代拋棄，開拓進取才能勇立潮頭。茅台守望傳統，並不意味著墨守成規。

茅台曾有一句宣傳標語：「有一種信念，是矜持；有一種精神，是擔當；有一種力量，是創新；有一種夢想，是超越。」茅台應當有所矜持，矜持於世代相傳的古老技藝，避免浮躁，避免跟風，避免隨波逐流，避免為利所惑；茅台也應當有所擔當，把茅台酒的品質與消費者的健康當作一種責任；茅台更應該做的就是勇於創新，不斷地超越自我。

在茅台酒廠的高層管理者看來，世界在變革，經濟在轉變，結構在轉型。世界酒類企業的發展方式、管理形式和思維模式也需要與時俱進，正所謂以變應變、以變制變，樹立變中求新的新理念，闖出變中求進的新道路，展現變中突破的新作為。要在變中求新，不斷增強內生動力。深度開發「原字型大小」，培育壯大「新字型大小」，做到無中生有、有中生新，讓老樹生新枝，新芽成大樹。要在變中求進，不斷激發市場活力。加強行銷方式的創新與謀變，建立「互聯網＋資料庫」行銷模式，不斷優化市場資源配置，提高市場行銷效率，提升市場服務水準，讓消費者喝酒少煩心、多舒心。此外，還要在變中突破，不斷釋放文化魅力。

所以創新必須堅持科學精神，在尊重科學的前提下，去探索茅台的未來。

多年來，茅台一直致力於釀造微生物體系的科學研究。茅台酒廠與中國科學院微生物研究所合作，對茅台大麴和茅台酒醅中的微生物體系進行了深入研究，從釀造茅台酒的這一獨特資源中，分離鑒定出 79 種微生物，並據此建立起中國第一個白酒微生物菌種資源庫。

茅台集團還致力於食品安全體系中關鍵技術的研究。茅台白酒檢測實驗室通過中國合格評定國家認可委員會（CNAS）的評審，成為白酒行業首家經 CNAS 認證的實驗室。為了讓茅台酒的安全、健康因素得到切實的保障，茅台酒廠創造性地制定了茅台酒原材料農藥殘留的檢測方法，從源頭上為綠色茅台實施把控。與此同時，茅台酒廠還在行業中率先開展白酒包裝儲存材料中無機元素，特別是重金屬元素的研究。目前，已經能夠定量分析陶瓷壇和乳白玻璃瓶中約五十種無機元素，達到了及時動態監控原材料品質的目的。

2017 年七月，茅台技術中心「菁華 QC 小組」自主創新型課題《酒醅乙醇含量快速測定新方法的研發》取得成功，並被轉化到公司生產管理部實驗室，正式上線運行。課題研究的酒醅乙醇含量快速測定新方法具有快速、準確、靈敏度高、易操作的特點，可以實現從入窖到出窖整個制酒生產過程中對乙醇含量的監測，填補了國內白酒行業全過程檢測乙醇含量的空白，提升了茅台的自主創新能力和轉化能力，保證了茅台的科技創新在行業內的領先地位。該課題在全國 QC 小組成果發表賽上榮獲一等獎，「菁華 QC 小組」也被中國品質協會推薦為 2017 年度全國優秀品質管制小組。

自 2008 年以來，茅台累計註冊 5,042 個 QC 小組，參與者達 45,600 人次，湧現出 29 個全國優秀品質管制小組、79 個輕工行業／貴州省優秀品質管制小組。

惟思既往也，故生留戀心；惟思將來也，故生希望心。惟留戀也，故保守；惟希望也，故進取。惟保守也，故永舊；惟進取也，故日新。既要有堅守，也要有突破；既要依託蓋世無雙的醬香酒釀造工藝，又要緊跟時代的步伐不斷推陳出新。

為了適應新的歷史時期不斷變化的消費需求，茅台轉變市場理念及產品結構，積極推出新產品，產品結構從單品獨大到 1 ＋ N 組合，市場理念從名酒到民酒。一曲三茅四醬的產品組合，近兩百種個性化產品的開發，文化酒、紀念酒、收藏酒市場的開拓，一系列的創新舉動為茅台酒廠培育出眾多新的增長點。

創新行銷思路，改革銷售管道，推動行銷轉型，健全行銷網路。茅台以百年老店之尊，積極擁抱互聯網，轉變行銷戰略，融入「互聯網＋」，強化智慧行銷，讓扁平化、智慧化銷售成為新常態。在主打核心產品的同時，充分注重普通人、年輕人等消費群體的培育，透過一批品牌充分釋放商務消費、大眾消費的潛力。

茅台人從不拒絕技術的革新和進步，但始終不放棄對傳統工藝的堅守。底線是技術的革新不能損害茅台酒的品質，任何一種技術革新手段一旦對茅台酒的品質造成傷害，則必須無條件地為品質讓路，果斷放棄機械制曲即為典型例證。如果說在革新和傳統兩者之間非要找一個倚重點，茅台人更多鍾情於傳統工藝的堅守，對技術革新則往往是大膽假設、小心求證，顯得異常謹慎。

當人們開啟一瓶茅台酒的時候，似乎看不到茅台太多的變化。是的，不變的是傳統的工藝，是悠久的文化，是對優良的品質，是對高品味生活的追求。但在這不變的背後，潛藏的是科技帶來的突破，是創新帶來的旺盛生命力。人文茅台、傳統茅台的背後，是科技茅台、綠色茅台。

寄送鄒叔績歸新化，並呈鄧湘皋顯鶴學博

（節選）——莫友之

酒盡欲起語稽遲，亟歸轉益別後思。
悔不小住聊娛嬉，尋聞取道延辰岐。
且喜執手映動曦，茅台競負三日卮。
合併渺渺當何時，沅西南支湘南支。

22 // 工匠與大師

工藝的傳承離不開一代又一代的釀酒工匠，工藝的改良成就了一個又一個釀酒大師。在茅台酒廠，大師堅持的是工匠精神，工匠展現的是大師風采。精益求精的大師其實也是工匠，精雕細琢的工匠其實就是大師。正是一代又一代工匠般的大師和大師級的工匠，共同譜寫出史詩般的茅台。

作為傳統特色鮮明的行業，茅台的釀酒技術人員在很長的一段時間內並沒有專業分類，而是籠統地被稱為「酒師」。既然是酒師，在釀酒的各個環節都得是老師。酒師們熟知茅台酒釀造從制曲到勾調的每個工藝，有豐富的經驗掌控發酵、蒸酒等至關重要的環節，對酒的品質和風格能迅速作出準確的判斷，並且善於發現問題，有能力找到解決問題的辦法。一句話，過去的酒師是全能型的釀酒高手。

隨著生產規模的擴大，釀酒技術的進步，各工藝環節的專業性要求越來越強，酒師隊伍的專業分工逐漸成型，不同的酒師專注於不同的釀造環節，成為該環節名副其實的專家。

茅台酒廠的酒師如今被統稱為釀造師，但更多的人依然習慣傳統的稱呼。按醬香型白酒的工藝流程，茅台酒廠的酒師大致分為四類：制曲師、制酒師、勾調師、品酒師。

制曲師。糧為酒本，曲為酒骨。釀酒必先有曲，曲的好壞決定了酒的品質，故而釀酒業有「萬兩黃金易得，一兩好曲難求」的說法。醬香型白酒釀造工藝極其複雜，有「一曲二窖三工藝」之說，制曲之重要可見一斑。茅台酒制曲的特點是高溫大麯、人工制曲、端午踩曲。每年氣溫最高的季節裡，茅台的制曲師在接近 40℃的車間裡，用雙腳踩出一塊又一塊的酒麴。茅台現有六個制曲車間，九十個制曲班組，千餘名制曲工人，其中能稱得上制曲師的有數百名之多，但能夠掌握磨碎拌料等關鍵工藝的制曲師，每個班組只有一名。

制酒師。制酒師特指專注於放置原料、堆集、入窖、蒸酒等生產環節的釀造技術人員，是茅台酒廠的技術核心隊伍。如果把茅台酒比作一件藝術品，那麼制酒師就是這件藝術品的主創人員。他們的創作直接決定著作品的成敗，影響著作品的風格。從酒甑裡蒸餾出來的新酒有醬香、醇甜、窖底三種典型酒體，其中醬香最為珍貴。新酒中醬香酒體比例的高低，是考驗制酒師水準的試金石。高水準的制酒師能以相同的工藝流程，從相同的酒醅中蒸餾出更高比例的醬香新酒。茅台目前共有 23 個制酒車間，共 582 個制酒班組，近萬名制酒工人，制酒師達千餘人。根據企業「十三五」規劃，茅台於 2018 年還新增了三個制酒車間，共 60 個制酒班組。

勾調師。勾調師的工作就是應用一定的品酒技術，將不同班次、不同質量批次、不同酒齡、不同品質檔次、不同口感特徵的白酒，按照一定的規則進行組合和調味，使之形成符合消費者品味的飲用成酒。茅台酒以酒勾酒的勾調工藝極為複雜，很多時候全憑勾調師出神入化的經驗和感覺。茅台酒的勾調工藝極為神秘，他們的日常工作外界難得一見。至於那幾個做勾調配方的首席勾調師，更是神龍見首不見尾。

品酒師。品酒師的任務就是喝酒、評酒。他們應用感官品評技術，評價酒體質量，引導釀造和勾調，同時進行酒體設計和新產品開發。品酒是一個非常辛苦的職業，品酒師每年要品嘗幾千種新酒，記憶中樞全是酒的味道。在茅台酒廠，勾調師做的勾調配方要經多位品酒師盲評打分數，分數最高的配方才被應用於量化勾調。茅台酒廠擁有多位嗅覺、味覺異於常人的品酒師，擁有世界上最昂貴的鼻子和最靈敏的舌頭。季克良、鐘方達、彭茵、王莉、呂雲懷、劉自力等七人為首屆中國首席白酒品酒師。二級品酒師屬於省級專家，一級品酒師屬於國家級專家，這兩級品酒師茅台酒廠共有 26 名，目前在工作崗位的有省級六名，國家級三名，還有國家認定的專家級品酒師，目前在工作崗位的總工程師王莉、勾調一部負責人鐘琳、首席勾調師王剛、首席品酒師彭璟都是專家級品酒師。

雖然略有分工，但茅台酒廠全能型的酒師大有人在。這些十八般武藝樣樣精通、幾乎無所不能的酒師，有的已經成為釀酒大師，其餘的則是最有潛力成為大師級釀酒專家的一批人。在 2006 年和 2011 年僅有的兩次中國釀酒大師評定中，茅台酒廠就有季克良、呂雲懷、劉自力、丁德杭等五人先後獲得「中國釀酒大師」這一中國釀酒業的最高榮譽稱號。在此之前，老一代的茅台酒師中，也有眾多赫赫有名的大師級人物。現在的酒師中，大師級的實力派人物也不在少數。這些都是全能型的釀酒專家，是茅台的扛鼎揭旗之士，正是他們的殫精竭慮，嘔心瀝血，才有了茅台酒的釀成。

茅台一直視品質為生命，對產品精益求精。在總經理李保芳的力推下，茅台推出《關於全面開展品質提升運動的指導意見》及《首席品質官管理辦法》等措施，提出要在 2020 年建成集團全面品質管控體系和技術支援體系，建立首席品質官制度。在 2017 年十月召開的茅台酒生產品質大會上，總工程師王莉成為了茅台集團的首位首席品質官。首席品質官制度開白酒行業之先河，是茅台集團啟動新一輪全面品質提升計畫的重大創新之舉。

在茅台酒廠的歷史上，有三位功勳卓著的釀酒大師，對茅台酒釀造工藝的改良和最終成熟做出了巨大的貢獻。除了前文提及的茅台酒三種典型酒體的發現者、一代勾調大師李興發，另外兩位分別是茅台酒廠繼往開來式的人物鄭義興和王紹彬。

在赤水河谷醬香型白酒生產區域，提起茅台鄭氏家族，幾乎無人不曉。鄭氏家族世代釀酒，而且人才輩出。在遙遠的燒坊時代，鄭家酒師就名動江湖。成義、榮和、恒興等三家燒坊的釀酒環節，都由鄭家酒師一手掌控。在巴拿馬萬國博覽會獲獎的茅台酒就有鄭家酒師的傑出貢獻。三大燒坊合併前，鄭氏家族就有四大酒師活躍在各大燒坊的窖池邊。其中，最負盛名的就是鄭義興。

茅台酒獲巴拿馬萬國博覽會金獎的前兩年，十八歲的鄭義興經本家酒師介紹，進入成義燒坊做學徒。學成後，先後在成義、榮和、恒興三家燒坊擔任酒師。鄭義興是釀酒天才，精通醬香酒釀造的各項工藝，從制曲、下料到最後的勾調，每個環節都駕輕就熟。他高超的技藝和豐富的經驗，讓各大燒坊爭相重金聘請。茅台鎮至今還流傳著鄭義興的神奇傳說：燒坊想要聘請到這位天才酒師，提前一年就得和他訂立合約，訂金是幾根金條，還要看他的心情。

1953 年，五十八歲的鄭義興欣然出山，進入成立僅兩年的茅台酒廠工作，在接近花甲之年扛起了振興茅台酒的大旗。

鄭義興進入茅台酒廠的時候，剛剛成立的茅台酒廠在大形勢下，也提出了「沙子磨細點，一年四季都產酒」的增產節約口號，並改變傳統工藝，把重點放在提高茅台酒的年產量上，最終導致茅台酒品質下滑。有著四十年醬香酒釀造經驗的鄭義興，從一開始就堅決反對違背茅台酒生產規律的做法，指出拋棄傳統工藝，就只能生產出普通的高粱酒。1956年，茅台人在日益嚴重的產品品質問題面前，經過認真的反思，放棄了片面追求產量的做法，採納鄭義興的建議，全面恢復傳統釀造工藝，以提高產品品質為重心。兩年後，茅台酒的合格率由1956年的12.19%、1957年的70%提升至99.42%。在堅守傳統工藝和大幅提升茅台酒品質方面，鄭義興功不可沒。

茅台鎮的醬香酒釀造工藝有代代相傳、口口相授的傳統，有些關鍵環節更是非親不授、非徒不授，在一些釀酒世家更是保留了傳男不傳女的習俗。剛從私人燒坊合併而來的茅台酒廠，釀酒技術人員成長緩慢，酒師奇缺。當時，以鄭義興為代表的三大鄭家酒師，是茅台酒廠的技術中堅。面對人才緊缺的現狀，鄭義興義無反顧地承擔起了傳業授徒的重任。他結合自己四十多年的釀酒經驗，收徒授業，並將鄭家五代以來口口相傳的釀酒技法整理成冊，供茅台酒廠的釀酒技術人員學習和參閱。同時動員其他酒師，將各自掌握的釀酒技術整理出來，相互借鑒，互補長短。經過鄭義興的不懈努力，茅台酒廠初步制定了茅台酒統一操作規程和釀造流程，為後來的發展奠定了堅實的基礎。受益於鄭義興的無私奉獻和開放精神，一大批新生代酒師迅速成長起來，其中部分酒師後來還成為茅台酒廠赫赫有名的釀酒大師。發現茅台酒三種典型酒體的一代勾調大師李興發，就是鄭義興的得意門生。

在茅台酒廠開創期間建立奇功的另一位釀酒大師王紹彬，比鄭義興小十七歲，但比鄭義興提前兩年進入茅台酒廠擔任酒師。王紹彬出身貧寒，十八歲剛成年即進入榮和燒坊做酒工。到 1951 年擔任茅台酒廠酒師時，已經累積了二十多年的釀酒經驗。王紹彬對茅台酒的傑出貢獻至少有三個方面：一是開業授徒，毫無保留地向年輕人傳授釀酒技藝，為急需人才的茅台酒廠培養了大量技術人員。他的弟子中也不乏大師級的釀酒專家，著名的釀酒大師許明德即出自他的門下。二是與鄭義興一起，力主恢復茅台酒的傳統生產工藝，為保持茅台酒的高貴品質不遺餘力。三是積極探索茅台酒傳統工藝的改良措施，發明了「以酒養糟」的新工藝。

王紹彬是貴州省的勞動模範，作為貴州省先進工人代表出席了新中國第一次群英會，並受到毛澤東、劉少奇、周恩來等黨和國家領導人的接見。王紹彬是為茅台酒廠供獻青春、供獻子孫的典型，自他算起王家一家四代都與茅台酒廠結下了不解之緣。如今，王家第三代已經成為茅台集團的中高層管理幹部，第四代子孫中也有進入茅台酒廠接過老一輩旗幟繼續前行的青年才俊。

前輩師長們勵精圖治的大家風範，為後人的大展宏圖樹立了旗幟。改革開放年代，一批後起之秀正式登上茅台的大舞臺，以超越前輩大師們的視野和雄心，率領百年茅台實現了歷史性的跨越，使茅台酒廠成為中國酒業一座無法逾越的高峰。他們對傳統工藝的嚴格堅守，他們面向未來的銳意進取，他們對茅台酒廠跨越式發展的卓越貢獻，成就了他們一代釀酒宗師的地位。

與上述釀酒大師們一樣，茅台酒廠眾多的酒師們上承茅台的優良傳統，勤勤懇懇、兢兢業業，以精益求精的工匠精神，繼續演繹著茅台酒的品質傳奇。

制曲師任金素1988年進入茅台酒廠制曲車間上班。因為茅台酒釀造工藝的特殊性，制曲都在高溫環境下完成，因而與制曲車間關係最密切的詞彙就是髒、苦、累。任金素就是在這個「髒、苦、累」的制曲車間中度過了她29年的職業生涯，從小姑娘到老大姐，從小任變成了老任。29年的汗水，足以流淌成河；29年的踩曲，足以踏平高山。任金素用29年的辛勤耕耘，使自己從一名普通制曲工成長為貴州省勞動模範，成為茅台酒廠首席釀造師，成為道道地地的大師級工匠。

任金素有句口頭禪：要做就要做最好。酒麴經過第一次發酵後，掰開會呈金黃色，所以叫黃曲。茅台的酒麴都是自然發酵，人工不能調節。黃曲占比高就意味著技術水準精湛。合格酒麴中黃曲的占比要在80%以上。任金素指導下的制曲班組生產出來的曲塊，黃曲占比都達到83%以上。

茅台酒的制曲工藝中，有兩個被稱為A級控制點的重點工序。一個是磨碎拌料的比例控制，一個是對翻曲溫度的控制。任金素僅用肉眼觀察，就能精確地判斷拌料的比例。她對曲醅厚度的掌握可以精確到毫米。她用手一摸就能判斷出曲塊的溫度，誤差不會超過1℃。

任金素帶頭成立的陽光技能創新工作小組（後更名為任金素勞模創新工作室），大膽承擔茅台公司磨曲設備及母曲輸送設備改造實驗專案，並取得了成功。設備上線運行後，每年為公司降低人工成本一百多萬元。

作為制曲車間的老大姐，任金素的傳、幫、帶做得有聲有色。茅台酒廠共有九十個制曲班組，每個班組只有一名制曲師能夠掌握磨碎拌料這道工藝，而這些制曲師都是任金素手把手帶出來的徒弟。

這就是任金素的功夫。

在茅台酒廠，像任金素這樣的大師級工匠還有很多。受限於篇幅，就不一一介紹他們的功夫了。

茅台酒獨特的釀造工藝，一直以來都是透過師徒相授的方式進行傳承的。師徒之間除工藝傳承外，更多的是工匠精神的傳承。一代又一代的傳承，鍛鍊了一代又一代的國酒工匠，成就了一代又一代的釀酒大師。

釀酒奇才鄭義興就是學徒出身。他在茅台酒廠的眾多徒弟中，就有後來名滿天下的中國醬香之父——李興發。李興發創造的茅台酒勾調技術，從理論到實踐，對茅台酒廠都具有里程碑式的意義。李興發的徒弟中，最出名的就是有著茅台教父之稱的季克良。不但在茅台酒廠，就是在中國白酒界，季克良也是首屈一指的釀酒大師。季克良功成身退之後，經他調教的多名弟子正在茅台酒廠磨煉著自己的大師段位。

茅台酒廠檔案室保存著一份 1955 年六月一日訂立的師徒合約。訂立人是兩對師徒：一對是老師王紹彬和徒弟許明德，一對是老師鄭軍科和徒弟彭朝亮。合約主要條款摘錄如下：

（一）老師意見：一切有關釀造茅台酒的技術決不保留，全部與徒弟交代，多說多談，保證徒弟學懂、學會、學精、學深，能單獨操作並愛護徒弟。

（二）徒弟保證尊重老師，虛心向老師學習全部技術，學懂、學會、學深，能單獨操作後仍要永遠尊敬老師。

（三）學習內容包括釀造茅台酒整個操作過程，從發原料水、蒸糧、下亮水、收糟溫度、下曲到酒糟下窖、上甑、摘酒、踩曲、翻曲等一一教會、學清楚。

（四）老師保證全部技術限 1957 年六月一日教會徒弟，徒弟保證全部技術限 1957 年六月一日學會。

該師徒合約簽訂後，茅台酒廠掀起了拜師、參師熱潮。拜師是指徒弟直接拜師學藝，技術不高的或沒有技術的工人向有豐富經驗和生產技術的老酒師學習，拜老酒師為師，是直接師徒關係。參師是一些已有一定技藝技術基礎的酒師，或已經帶徒弟的酒師，想向經驗更豐富的老酒師拜師學藝，多數人是平輩或師兄弟，是間接的師徒關係。至 1958 年，全廠計有二十餘名老酒師開業授徒，一百多名技術工人拜師學藝。1959 年以後，師徒制停頓，直到二十年後的 1978 年才正式恢復。

茅台酒的傳統工藝源於中國國酒先輩的智慧與經驗，是一代又一代茅台人手口相授的歷史文化。千百年來，師徒相傳模式是茅台酒釀造人才培養的主要管道。師帶徒的優良傳統，為工藝傳承做出了不可磨滅的歷史貢獻。2005 年，茅台集團頒布了《關於師帶徒活動的通知》，大力支持和鼓勵員工向經驗豐富的老酒師、曲師拜師學藝。2008 年，實施《師帶徒活動管理辦法》，繼續深入開展師帶徒工作，持續做好茅台酒制酒、制曲、勾調等技藝的傳幫帶，培養出一批業務精湛、有較強行業引領力量的技術精英，打造出一支技術優良，有較強行業影響力的技術團隊。

實踐證明，茅台酒廠的師帶徒制度，有利於從生產基層發現人才，有利於從生產源頭堅守工藝、傳承工藝、創新工藝，有利於在生產實踐中積累經驗、推動創新，有利於工匠精神的傳承，有利於大師級的釀酒人才脫穎而出。

與陳君剛柔遇於京，賦此贈之——劉瓚

飄零遼左無家客，地老天荒剩劫灰。
幾度藥言非玉屑，十千茅酒負金罍。
唯聞息壤茉蕪遍，尚有陽和黍穀回。
難得相逢又相別，五雲深處且銜杯。

茅台酒廠有一個特殊現象：員工中子承父業者很多。全家都在

茅台酒廠工作或者一門三代都有人在茅台酒廠上班的也不在少數。員工子承父業的現象同樣存在在一些中國老國有企業，但像茅台酒廠這樣較大量的存在並不普遍。茅台人習慣把這種現象稱為「茅二代」、「茅三代」。

1951 年茅台酒廠剛剛成立時，僅有 39 名員工。到 1953 年三家燒坊全部合併完成時，員工也只有 52 人。二十世紀八〇年代，茅台酒廠進入快速發展時期。隨著生產規模的擴大，作為一家以傳統生產方式為特點的勞力密集企業，茅台對工人的需求增加。茅台酒廠的老工人、全國人大代表劉應欽就向全國人大提交了《重視解決茅台酒廠技術力量後繼無人的問題》的提案。提案得到批准，並經由貴州省具體落實，茅台酒廠員工子女經過正當招工程序，考查合格後可以進入茅台酒廠。於是，許多茅台酒廠員工的子女在這一時期進入茅台酒廠，延續父輩們鍾愛的釀造職業。這批員工就是茅二代。到了新世紀的規模效益時期，茅台的員工數量陡然增加，茅三代作為新銳力量入職茅台，開啟了他們的國酒職業生涯。

「茅二代」李明英十五歲時就跟著父親，也就是勾調大師李興發學習勾調，可謂近水樓臺先得月。李興發外出指導他人勾調時，總是把李明英帶在身邊，手把手地教女兒如何勾調，並且經常測試女兒評酒的準確程度和勾調的技術水準。從樣酒品評、基酒勾調、老酒點化到最後調味，如何計算和降低勾調成本、如何降低濃度，李明英一點一滴地從父親那裡得到了真傳。在李興發指導的酒商中，有一些生產醬香型之外其他香型的白酒，經常跟隨父親身邊的李明英也就學會了其他香型的勾調技術。同時掌握多種香型勾調技術的勾酒師並不多見。二十世紀八〇年代，不到二十歲的李明英進入茅台酒廠，成為茅二代，正式女承父業。李明英先是在茅台的附屬酒廠從事勾調工作，後又到制曲車間學習制曲，1993 年經過嚴格的考核，調入茅台酒廠酒體勾調中心。儘管李明英身懷絕技，但剛開始勾調出的酒樣還是經常無法通過品酒師的選評。每當品評落選，李明英回到家中都要耐心地向父親請教。有一個身為勾調大師的父親經常指點，李明英的茅台酒勾調技術突飛猛進，到後來，幾乎每次都能勾調出合格的茅台酒。

1951 年茅台酒廠剛成立時就擔任酒師的王紹彬，一家四代都與茅台結緣，每代都有傳承茅台酒的接力者。王紹彬的兒子王正道為醫學院出身，大學畢業後已經在外地有一份很不錯的工作，但在王紹彬屢次三番的動員下，還是回到了父親珍愛一生的茅台酒廠，成為茅二代，而且一待就是三十多年，直到從茅台酒廠退休。王紹彬的孫子輩都是在四季飄著酒香的茅台鎮上長大，五六歲的時候就開始跟著爺爺跑實驗室、進車間，「摸堆子，看烤酒」，看的、玩的都和茅台酒息息相關。成年後，王紹彬的幾個孫子孫女都通過嚴格的考核進入了茅台酒廠，成為茅三代。他們從釀酒工、制曲師做起，一步一步地成長為茅台酒廠的中堅力量。如今，王家已有茅四代，承載幾代人的期望入職茅台，延續著祖輩、父輩的榮光。

茅台酒廠還有很多類似李興發、王紹彬這樣的茅台家庭。全家都在茅台工作，甚至一個家族十多口人都在茅台工作的並不少見。

很多人在茅台出生，在茅台長大，外出求學畢業後，懷著濃濃的茅台情結，通過嚴苛的考核，進入茅台酒廠，像他們的祖輩、父輩一樣，制曲、餾酒、勾調，用汗水書寫茅台酒廠的輝煌。

子承父業並非一定之規，「茅N代」更非近親繁殖。茅N代是醬香工藝和茅台文化的傳承人，是茅台重要的軟實力。

醬香型的茅台酒是有著獨特釀造工藝的傳統產業，在漫長的歷史中，茅台鎮陸續出現的釀酒燒坊不下幾十家，這些燒坊各自都有秘而不宣的工藝絕活，蒸餾出來的醬香酒也風格各異。茅台酒釀造工藝複雜，釀造過程的掌控和成品酒的勾調全憑酒師的經驗和感覺，而每個酒師的經驗和感覺又有不同，從而帶來了茅台酒味型風格的差異。採各家之長，集多種風格於一爐，融不同味型於一體，正是茅台酒超越其他醬香型酒的奧妙所在。要做到這一點，就必須依靠工藝技術水準各有不同的酒師。所以，茅台酒廠成立初期，大量從當地燒坊尋找和聘請經驗豐富的酒師。受限於歷史上釀造工藝傳承的形式，很多酒師的「絕活」大多只在家族內部傳授。雖然新的茅台酒廠不遺餘力地培養新生代技術人才，但無論如何也比不上直接使用茅N代更有效果。生於斯、長於斯的茅N代，幼承庭訓，耳濡目染，對複雜的茅台酒釀造工藝掌握得更為嫻熟，對博大精深的茅台文化理解得更為透徹，毫無疑問是茅台工藝和文化的最佳傳承人。

茅N代也是茅台品質和品牌的保護者。出於對茅台的深厚感情，幾乎所有的茅台人都在本能地保護著茅台酒的品質和品牌。

茅台酒廠很多家庭世世代代生活在茅台，工作在茅台，呼吸著帶有濃郁酒香的茅台空氣，衣食住行都與茅台酒廠密切相連。茅台的興衰榮辱，與他們息息相關。茅台就是他們共同的大家庭，茅台酒就是這個大家庭共同的寵物。因而對茅台酒品質和品牌的保護完全是出自內心，發自肺腑。二十世紀八〇年代，赤水河谷一些新創建的酒商，以高於茅台酒廠工資幾十倍甚至上百倍的報酬，吸引茅台酒廠的技術人員，雖然也有部分酒師為利益驅使走出茅台，但大多數員工不為所動，對自己嘔心瀝血建立起來的茅台酒廠忠誠有加。茅台酒廠所在地，有「中國酒都」之稱的仁懷地區如今擁有千餘家釀酒企業，其中的一些酒商依然不斷以高薪資、高待遇引誘茅台酒廠的技術人才，但離開茅台酒廠而另謀高就的人少之又少。在茅台酒廠的員工心中，在任何情況下都不做有損茅台酒廠利益的事，是本分所在。在茅台酒廠，幾乎聽不到員工任何抱怨茅台酒廠的聲音。外界對茅台酒哪怕一絲一毫的質疑，他們都會挺身而出，自覺地維護茅台酒的品牌聲譽。茅台酒廠員工的忠誠度和茅台酒廠的凝聚力由此可見一斑。可以肯定地說，這與大量使用茅 N 代不無關聯。

茅 N 代還是茅台酒廠發展的新引擎。茅 N 代的使用，不斷地為茅台酒廠注入新力量，極大地增強了茅台酒廠的活力，是茅台酒廠持續發展的動力。如今的茅台酒廠，在高端酒市場幾無競爭對手，但依然面臨著持續發展、跨越發展的挑戰，八〇後、九〇後茅 N 代的培養任重道遠。

隨著互聯網時代的到來，茅台酒廠的技術創新在加速，對新員工基本素質的要求越來越高。近年來，茅台酒廠為廣攬人才，一直堅持向社會招聘新員工。因為經營業績大幅飆升，到茅台酒廠上班成了很多大學畢業生的願望。如今，茅二代、茅三代要進入茅台酒廠，必須與來自四面八方的年輕人同場考試、同台競爭，並無任何特殊待遇。2017 年茅台向社會招募三百多名制酒、制曲工人，引來幾十萬人報名，以致報名系統在開始報名後的第二天就無法登錄。

招工招考之所以吸引人們的眼光，有一個重要因素就是人們對公平公正的熱切期望。茅台酒廠作為有影響力的知名中國企業，堅持「設計有效性強於執行有效性」的精細化管理思路，憑藉良好的制度設計以及精心的組織實施，置招工招考於陽光之下。此前有過一次向集團內部勞工子弟的招聘，由於過程完全公開公平，所有未被錄用者及其家人都心服口服。

第一，堅持按規則辦事。嚴肅制定並嚴格遵守規則，沒有特殊情況下之類的例外，一旦出現「原則上」就為破壞原則打開了缺口。招錄男女比例按 1：1 執行、內退頂替等建議，或因違背用工需要，或因不符合國家政策，均被堅決排除。即使有一些合理的建議，但因不符合《公司員工子女招聘辦法》，自然也不予採納，只是記錄在案以提交下一年職代會審議修訂。根據茅台酒廠生產崗位的特點，設定新聘人員的體能標準，體能測試不合格者不得參加考試，自動失去招錄資格。招考一概沒有例外，按計劃數從高分到低分錄用，不預留指標，不增加計畫，不擴大比例，堵死各種關係通道。

第二，從報名到最後錄用的每個環節都有精確的流程設計。全程設計了三個公開環節，分別是符合員工子女招錄條件人員的資格公開、文化考試成績公開和錄取人員公開。充分考慮各個流程環節的可操作性，如異地委託協力廠商命題和閱卷、三套試題隨機選擇、試卷在全程監督下押運等。備選試卷三份，全部按考生數印刷出來，現場由監督委員任抽一份開考，另外兩份即時作廢。

第三，對招考的監督來自多個方面：一是來自茅台酒廠官方的監督，公司監察室和廠務公開辦負責對整個招工過程進行監督。二是利用公告、公示等環節，接受社會的監督。最具特色的是員工監督，成立「員工子女招募監督委員會」，由十五名成員組成的監督委員會中，有十三名為應聘者的家長。監督委員們在認真學習和掌握員工子女招募檔和各項規定的基礎上，按分工參與員工子女招募全過程工作，一經發現員工子女招募過程中存在違規違紀行為，有權要求立即糾正，並向紀委監察室和工會報告。監督委員們的電話一律公開，以便他們收集員工和群眾的意見和建議，接受舉報。廣泛的監督充分保證了招工過程的每個環節都在陽光下進行。

很多茅二代、茅三代、茅四代也同樣參加每年的招考，在完全同等的條件下接受茅台酒廠的嚴格挑選。

2016 年茅台酒廠發起「百年老店傳承人計畫」，將目光對準茅二代經銷商，在茅台酒廠的經銷商隊伍中培育新生代力量。該計畫包括茅二代經銷商的分期培訓、安排茅二代經銷商到茅台酒廠體驗一線車間的生產、舉辦茅二代經銷商中國交流座談會等。

企業與經銷商是真正的命運共同體。從計劃經濟時代到市場經濟時代，茅台酒廠在發展，茅台酒廠的經銷商隊伍也在壯大。很多茅台酒廠的經銷商都有二十年以上與茅台酒廠合作的歷史，其中不少經銷商甚至專營茅台酒，對茅台酒廠有著相當高的忠誠度。然而，時代的變化對老一代經銷商提出嚴峻的考驗，老化的知識結構在變幻莫測的市場面前力不從心。茅台酒廠到了經銷商新老交替的關鍵時期。為保持與時代共進的步伐，保持與茅台酒廠的同步發展，選擇和培養茅二代經銷商自然被提上議事日程。做百年老店，把茅台事業傳下去，是所有茅台人的共同願望。因而，百年老店傳承人計畫是放眼長遠的戰略之舉，茅二代經銷商培育是注入新鮮血液的創新之策。

茅台酒廠的管理高層充滿了對茅二代經銷商隊伍的期待。他們認為，目前喝茅台酒的人大部分集中於「三〇後」到「八〇後」年齡段，下一步茅台酒廠應當瞄準「九〇後」和「〇〇後」，這就需要做好針對年輕人的行銷工作。茅二代經銷商是茅台酒廠未來市場行銷的生力軍，不但要做茅台酒廠行銷事業的傳承者，也要做茅台酒廠文化的弘揚者，更要成為茅台酒廠市場建設的創新者。茅台酒廠著力培育茅二代經銷商的目的，就是要打造茅台酒廠與經銷商在命運、價值、利益和戰略方面的共同體，為未來的茅台酒廠儲備行銷人才，確保茅台酒廠的市場越來越穩固。

培育茅二代經銷商，不是簡單的成員更新，而是觀念、意識和精神的蛻變。初步遴選的茅二代經銷商，長處和優勢特別明顯，綜合素養普遍高於上一代。年輕人見多識廣，視野開闊，對新事物更加敏銳，分析和把握市場的能力更強，十分有利於行銷思路的創新。

無獨有偶，中國眾多的白酒企業也與茅台酒廠一樣，關注經銷商隊伍「酒二代」的培育和成長。五糧液的「五二代」已經在成長之中；瀘州老窖的「經銷商接班人」培訓班正在傳經授業；勁酒成立專門的服務管道商部門，全面評估經銷商接班人的優缺點，並安排他們接受更細化的理論和實踐訓練；西鳳成立專門的基金，資助和鼓勵「酒二代」的學習和創業；山東花冠釀酒集團成立企業大學，讓「商二代」在接班前接受充分的培訓。

長江後浪推前浪，一代新人換舊人。茅一代經銷商將隨著時間的推移逐漸隱退，茅二代經銷商全面走向前台是歷史發展的必然。對於茅台酒廠來說，如何培養懂酒、愛酒的下一代高端消費者，是發展的下一個百年大計。對於世界知名白酒的經銷商來說，如何完成從「茅一代」向「茅二代」的過渡和交替，實現事業和感情的永續傳承，同樣是關係到基業長青的大事。

驟寒憶芷升弟庭芝——莫友之

驟覺茅台酒力輕，禁寒只自閉柴荊。

那堪今夜南明客，獨倚孤檠聽雨聲。

第五章

喝酒不如聞香

29 假冒偽劣傷害不了茅台

28 收藏界寵兒

27 國酒

26 文化茅台

25 變與不變

24 三人爭購一瓶酒

24 三人爭購一瓶酒

中國人大概沒有不知道茅台酒的，但並非所有人都品嚐過它的醇香。芳名遠播的茅台酒，對於很多人來說，僅僅只是一個概念。飲用茅台酒，對一些普通大眾來說，還是相當陌生的生活方式。

以茅台酒的高端價格，中產及以上階層最有可能成為茅台酒的消費群體。根據各個經濟學家的測算，中國中產以上階層人數如今已突破一億。以茅台酒廠目前的生產規模，每年投放市場的茅台酒（專指經典的飛天茅台）約為四千多萬瓶。一億多消費者爭購四千多萬瓶酒，計算下來，平均三個人爭購一瓶。如果考慮到生活水準的提高，越來越多的人加入到茅台酒的消費行列，爭購的程度還要更激烈。茅台酒可謂滴滴如珠，瓶瓶皆珍。

2016 年以來，市場上茅台酒經常缺貨，於是有人認為這是茅台酒廠的饑餓行銷。其實，茅台從不做饑餓行銷，只因為出產量少，最後變成了「行銷的饑餓」。

上海的一位年輕人原本打算在五一長假舉辦的婚禮上，使用茅台酒宴請賓客。春節後就開始打聽哪裡可以買到飛天茅台，上海的捷強煙草糖酒（集團）有限公司、海煙煙草糖酒有限公司以及一些大型超市都去找過，全部斷貨。京東上有貨，但需要先預約再搶購，而且獲得搶購資格後每個帳號也只能搶購兩瓶。1919 酒類網則是有一人限購一瓶的限制。萬般無奈之下，只好換成別的酒。

如此熱銷的茅台酒會漲價嗎？根據對市場供需關係的長期研究，以及對茅台酒市場的特別關注，可以做一些分析和推論。

從 2015 年下半年開始，市場回暖之後茅台酒持續熱銷。2017 年茅台半年財報顯示，時間過半，茅台酒的銷量已遠遠超過全年計畫的一半。進入原本屬於酒類銷售淡季的七月，茅台酒的銷售並未顯出淡季景象，反而供應全面吃緊。儘管一再加大供應量，市場饑渴仍難消解。眾所皆知，中國今年投放市場的茅台酒是五年前蒸餾出來的酒，這意味茅台酒年度銷售量是固定的，不可能像其他企業那樣加班多生產。根據茅台酒廠全年投放計畫量推算，下半年投放市場的茅台酒非常有限，不會超過三千萬瓶。加之茅台多次重申不賣新酒，強調明年的投放計畫不提前，也就是說沒有寅吃卯糧的可能，增量投放的空間並不大。即使透過各種調節手段增加投放，數量也極為有限。

或許經銷商和業內人士的預測更有說服力。上半年任務已完成全年的近七成，根據以往的經驗，下半年還有旺季，很多茅台酒的經銷商都預測，下半年的貨源將進一步趨緊，茅台酒鐵定漲價。經銷商都想多囤貨，但如今既沒有庫存，也沒辦法再弄到貨。業內人士則認為，茅台酒市場缺貨現象嚴重，很多經銷商可能確實是倉庫無貨，但也有部分經銷商在漲價預期下，向零售市場發貨不積極。

茅台酒廠官方則表態：茅台酒市場價格回升屬供求關係轉變後的正常現象，茅台堅持用公開、透明的方式向市場和消費者傳遞正確資訊，不以壟斷行為做行銷，不以行政干預市場。茅台酒廠積極促進經銷商效益的合理回歸，但不允許任何追求暴利的行為。在價格問題上，守住終端零售價格紅線，把「老百姓喝得起、承受得了」作為價格高低的重要檢驗標準。

然而，市場缺貨依然嚴重，經銷商庫存告急，紛紛求貨。茅台酒的價格一路飆漲，終端價格突破 1,500 元／瓶，讓 1,299 元／瓶的「紅線」形同虛設。為統籌兼顧各種因素，2017 年十二月，茅台酒廠將終端價格紅線調整為 1,499 元／瓶。

從近幾年的銷售情況來看，由於行銷轉型成功，茅台酒的消費者結構發生改變，公務消費退出主力消費群，其他消費群體迅速崛起。商務接待、民間各類慶典中的茅台酒用量大幅上升。在一些大型或中型城市，年輕的消費者也在擴充茅台酒的消費群。因此可以判斷，茅台酒在市場上的緊俏，還是來自於需求，還是來自消費者。

市場緊俏，必然導致價格上升。這是市場規律所致，非人力所能控制。雖然茅台酒廠嚴厲處罰高價出貨的經銷商，甚至祭出取消經銷商資格這樣的重刑，但還是不能控制茅台酒價格的上升。上有政策，下有對策。經銷商們面臨重罰的壓力，當然會嚴守茅台酒廠設置的價格紅線，主要出貨管道的流通價嚴格按照茅台酒廠的規定執行，但由於批條、零單的出貨價，價格紅線就難以管控了。對於很多經銷商來說，因為倉庫裡並沒有太多的茅台酒，走批條、零單途徑出貨已經足夠，哪裡還有貨走主管道？一句話，還是酒太少。

茅台酒廠採用傳統的區域行銷布局，價格紅線只對該區域本身發生作用。當外區域的貨進入本地市場，批發價與批條酒的價格是一樣的。舉例說，在廣東區域，價格紅線只能管控廣東經銷商，當其他區域的酒進入廣東市場時，價格是不受控的。

不排除有囤貨的人。有經銷商囤貨，也有消費者囤貨，還有把茅台酒當投資的囤貨者。囤貨當然有風險，經銷商囤貨會受到來自茅台酒廠的嚴厲處罰；投資性質的囤貨具有不確定性，因為目前茅台酒價格已經較高；僅僅為了消費而囤貨的數量應該不會太大。雖然 2017 年上半年，有市值將近七十多億元的茅台酒被囤的傳言被證明為不實消息，但囤貨現象肯定是存在的，只不過是量大量小的問題。在漲價預期下，囤得越多，將來有可能賺得越多。這時候出售茅台酒，對於一般經銷商來說，無異於送錢給別人。對於終端零售來說，按茅台酒廠的控價標準銷售，每瓶飛天茅台的毛利十分微薄，門店開支平衡下來，賺不了什麼錢，所以大多情況下也不急著賣酒，而是等著下一波漲價。

面對如此市場狀況，茅台酒廠可謂喜憂參半。喜的當然是大好的銷售形勢，沒有哪家企業不希望自己的產品暢銷；憂的是供需緊張的局面導致囤貨、價格上升，茅台酒廠因此要承受來自社會各界的巨大壓力，畢竟茅台酒在中國早已超出了一般商品屬性的範疇。

最好的解決辦法當然是增加投放，但說來說去還是一個老問題，茅台酒的產量有限，新酒又不能賣，無論怎麼增加也無法滿足市場需求。

2017 年全年飛天茅台投放計畫為 2.68 萬噸，比 2016 年的 2.29

萬噸的銷量增加了 17%。兩位數的增幅，還是難以滿足市場需求。2017 年下半年，茅台酒廠想盡一切調劑辦法增加投放，可投放市場的飛天茅台總量大約也不過區區 1.28 萬噸，共兩千多萬瓶，除去節假日，平均每天投放市場約八十噸。就這樣的投放量，樂觀測算，也只能滿足市場需求的 50%左右。

增量投放之外，就是約束經銷商。

目前茅台酒廠的中國本地經銷商總數達到 2,412 個，國外經銷商達到 94 個，合計 2,506 個。其中年銷量五十噸以上的大經銷商為數不多，更多的是一些中小經銷商。

大經銷商的存在，對茅台酒廠有兩個不利：一是大經銷商容易形成地區壟斷進而控制市場，二是不利於茅台酒廠的扁平化管理。這兩個因素都嚴重影響到茅台酒廠對市場的調控效果。

為此，茅台集團黨委書記、總經理李保芳上任後，一直致力於整治經銷商隊伍，其中一個措施就是削減大經銷商的數量，在一些茅台酒銷售的重點區域，年銷量八十噸以上的大經銷商被砍掉不少。然而，中小經銷商比例上升，新的問題隨之出現，茅台酒廠設置的價格紅線推行受阻，中小經銷商囤貨現象大量存在，造成市面缺貨更加嚴重。

從 2017 年三月茅台酒價格快速上漲時，茅台酒廠就開始呼籲經銷商保持定力，以講良心、負責任的態度，從談政治的高度，以長遠眼光認識價格問題的重要性和穩定價格的必要性，與茅台酒廠共同研究茅台酒的市場價格問題，讓消費者痛痛快快地喝上茅台酒。

茅台集團總經理李保芳認為，雖然茅台絕不借銷售旺季漲價，今年也堅決不調價，但茅台酒的供求矛盾將成為一個常態，茅台酒銷售形勢的變化使得銷售方式趨向扁平，資源進一步向經銷商手中聚攏，因而深入研究市場、創新茅台酒的銷售體制勢在必行。

巨大的壓力之下，茅台酒廠加大了對經銷商的約束力。除設置價格紅線外，還對各省區經銷商進行集中檢查和專項整治活動。對82 家違規經銷商根據情節輕重，做出削減或暫停執行茅台酒合約計畫、扣減 20%保證金、提出黃牌警告等不同程度的懲罰，甚至祭出了「終止並解除合約關係、扣除全部履約保證金、三十個工作日內撤出專賣店、銷毀茅台智慧財產權標示標誌、辦理相關手續」的史上最嚴厲處罰。

三個因素決定茅台酒的供應將持續緊張：一是稀缺，二是品質，三是計劃。每年不足三萬噸的供應量，供需矛盾無法在短期內得到根本解決。價格管控並不符合市場規律，只能算是不得已而為之，而且容易陷入「供應不足—銷售旺盛—價格上升—價格管控—囤貨增加—市場供應不足—價格再度上升」的循環，實際效果並不理想。

如此看來，在未來很長的一段時間內，想喝上茅台酒，還得加入三人爭購一瓶酒的行列。

福泉樓——黃龍

一片孤城接太清，參差樓閣與雲平。

露棲丹桂寒仍發，風動飛泉石自鳴。

異域不妨頻醉酒，更深何處忽吹笙。
故侯馬鬣空秋草，笑指浮雲萬感輕。

25 變與不變

中國釀酒的歷史源遠流長，中國人喝酒的歷史同樣源遠流長。數千年來釀造的美酒醉倒了多少英雄豪傑，也喝暈了不少好酒之徒。中華五千年的文明史，由喝酒喝出來的酒文化是其中不可或缺的部分。從祭神拜祖到文化娛樂，從飲食烹飪到養生保健，從沙場點兵到文學創作，從廟堂典儀到親朋好友歡聚，都少不了酒。中國人幾乎做任何事情，都要來上一杯酒。酒以成禮、酒以傳情、酒以治病、酒以求歡、酒以忘憂、酒以壯膽……無論在哪裡，無論做什麼事，酒都不離不棄，如影隨形。幾千年來，概莫能外。

怪不得連外國人都認為中國人最愛喝酒。2013 年美國有線電視新聞網評選「世界上最愛喝酒的國家」，中國排名第二，僅次於「坐落在酒館裡」的英國。

明清以後，白酒（燒酒）隆重登場，並逐漸贏得中國人的喜愛。時至今日，白酒已成為中國人飲用的主要酒類。中國最具有代表性的酒也是白酒，中國酒文化其實就是白酒文化。

當五花八門的洋酒登陸中國時，很多人發出疑問：洋酒會改變中國消費者的飲酒習慣嗎？洋酒會不會取代白酒成為中國人飲用的主要酒類？

針對這些疑問，對中國白酒文化有著深刻認知的茅台酒廠作出判斷：至少到目前為止，中國白酒文化有「四個沒有變」，即白酒作為中國人情感交流的載體沒有變，作為中華民族的文化符號之一沒有變，作為中國人偏愛的消費品沒有變，中國人消費白酒的傳統風俗習慣和文化習慣沒有變。

很多外國人不理解的是，為什麼中國人有那麼多喝酒的理由，婚喪嫁娶、生日節慶、蓋房搬家、待親送友，都要喝酒。其實，這就是對中國酒文化的不理解。在中國，喝的是酒，表達的是情感，喝酒是中國人相互表達情感的一種方式。有朋自遠方來，不喝酒不足以表達對他人的深情厚意；節慶假日，不喝酒不足以表現祥和歡樂；喪葬忌日，不喝酒不足以寄託哀思；艱難困苦，不喝酒不足以消除寂寥憂傷；春風得意，不喝酒不足以直抒胸臆。中國人以酒為載體傳達情感的方式，是喝了幾千年的酒才形成的，難以改變。

傳達情感之外，中國人還賦予喝酒各種各樣的文化內涵。先秦時期，喝的是禮儀，酒禮是那個時代最嚴格的禮節。飲酒尤以年長者為優厚，「六十者三豆，七十者四豆，八十者五豆，九十者六豆」。漢武帝禁酒，實行國家專賣，為的是節約穀物，富國強兵，酒又與經濟發展、國家富強密切關聯。魏晉時期，飲酒乃名士風流。三杯下肚，豪氣沖天，「志氣曠達，以宇宙為狹」。名士們借酒抒懷，喝著喝著就是人生感悟、社會憂思、歷史慨嘆。及至唐宋，酒又有了激發創作靈感、活躍形象思維的功效，「一杯未盡詩已成，湧詩向天天亦驚」。唐詩宋詞，每誦三首，必聞酒香。到了明清，酒道盛行，喝酒變成了修身養性的功課，把普通的飲酒提升到講酒品、崇飲器、行酒令、懂飲道的高度。喝酒喝到如此境界，喝酒喝得如此神奇，這酒風酒俗、酒禮酒德還變得了嗎？

中國人喝酒，特色鮮明。白酒是餐中酒，是用來配餐的，僅就這一點，全球罕見。無酒不成席，有席必有酒。獨酌對飲者少，呼朋引伴者眾。凡喝酒必有菜肴，所謂美酒佳餚是也。其實，佳餚倒未必，下酒菜一定要有，雞鴨魚肉最好，花生毛豆也行。推杯換盞之間，天南地北，海闊天空。「兀然而醉，豁然而醒，靜聽不聞雷霆之聲，孰視不睹山嶽之形。不覺寒暑之切肌，利欲之感情。俯觀萬物，擾擾焉如江漢之載浮萍。」中國人的酒席上，白酒永遠是主酒，其他的酒只是點綴，亦或是裝飾，喝得最多的必須是白酒。那種去酒吧點上一杯啤酒、睡前倒上一杯紅酒的喝法，那種在酒裡加入果汁、蘇打水、可樂、雪碧的喝法，根本就不是白酒的喝法，與中國的白酒文化相去甚遠。

至於洋酒，在中國的主要消費區域為深圳、廣州、上海、北京等洋氣城市，以及星級酒店、酒吧、KTV、夜總會等洋氣場所；主要消費群體為旅華外國人、海歸人士、商務人員、白領階層和追求時尚的年輕一代，年齡在 25 ～ 45 歲；消費心態與其說是對洋酒文化的認同，還不如說是追時髦趕潮流，至少有相當一部分人如此。洋酒永遠也不可能成為中國主流的酒品，永遠也不可能超越中國白酒在酒界的至尊地位，更不要說取代，因為中國更多的飲酒者、好酒者、嗜酒者根本喝不慣洋酒，他們就是喜歡中國的白酒。

所以，茅台酒廠關於中國白酒文化「四個沒有變」的判斷，實乃對博大精深的中國白酒文化貫微動密的宏論。

當然，中國白酒文化沒變，並不等於消費形態也沒變。相反，近年來中國白酒消費形態的變化還挺大。

在各大酒商面前的一個突出問題，就是白酒的消費群體年齡偏大。「五〇後」、「六〇後」、「七〇後」是當前白酒消費的主要人群，白酒消費熱情較高，消費量大，在白酒消費者群體中占較大份額。一項中國城市居民調查顯示，白酒的重度消費者（指每天至少喝一次白酒）中，年齡 45 歲以上占 53%，年齡 45 歲以下的只有 47%。隨著這些資深酒友年齡的增長，他們的白酒消費量也會逐漸下降。消費市場的生力軍「八〇後」、「九〇後」，整體上對白酒的興趣不大，基本上還沒有養成喝白酒的習慣，喝得少，買得也少，而且年齡越小，白酒的消費量越低。

互聯網的加入也給傳統白酒業帶來了變化。用互聯網思維革新白酒業，傳統的商業模式被改造，產業價值鏈和競爭格局被打破。隨著「互聯網＋」的推進和白酒企業的轉型，新興酒商立馬從中找到了機會。就連原本做計算機的聯想也一頭栽進白酒釀造行業，對旗下豐聯集團收購的四家傳統酒商，低調地施以互聯網改造，快速地實現了盈利。

喝酒的人當然注重酒的品質，好不好喝，上不上頭，都有講究。在重要的節慶儀典中，還要講面子，什麼品牌，口碑如何，也是要考慮的因素。中國人喝酒喝了幾千年，洋酒或許能糊弄，白酒絕不能含糊。既要品質好，價錢和產品還要有合理的比例，價格太高喝不起，所以中端甚至低端價格的白酒仍然有較為旺盛的需求。所以，產品創新是白酒的必然趨勢，找到品質和價格的平衡，將名優白酒的品質和中低端的價格結合起來，有效的市場優勢才能形成。

說回茅台酒。讓那些每天都要喝上幾杯的酒友們，天天喝飛天茅台這樣的高端白酒，顯然不切實際。茅台酒的產量極為有限，即使偏好醬香型白酒的酒友們，大多也只有望「茅」興嘆。富裕起來的中國，絕大多數家庭每年消費一瓶茅台酒也是完全有可能的，實際上卻做不到，不是買不起，是捨不得。然而，茅台酒又是酒中王者，喝酒的人無不以喝上茅台為幸、為榮。茅台酒的需求無疑極具必須性，而飛天茅台的產量即使再過一百年也滿足不了這種必須性的需求。因而，將茅台酒分出層次、系列，開發多種不同的茅台酒，是補充不同茅台酒消費者需求的唯一辦法。

茅台酒廠當然意識到了這一點，所以就有了產品策略的變化：在進一步做大單品規模的同時，加大力度開發系列茅台酒，實施「雙輪驅動」，試圖用多個層次的茅台酒分支產品消除茅台酒愛好者的饑渴。在茅台酒廠的中長期戰略規劃中提出的「一三三戰略」，就是開發多層次茅台酒的重大安排。

「一」就是傾力打造一個世界級核心品牌：貴州茅台酒。世界蒸餾酒第一品牌的地位，不但要鞏固，而且還要提升，保持飛天茅台單一品牌銷售收入世界第一、酒業品牌價值全球第一的地位牢不可破。

第一個「三」指的是三個典型的全中國戰略性產品：茅台王子酒、茅台迎賓酒、賴茅。在中國酒界，賣酒就是賣故事，喝酒就是喝文化，這三個品牌歷史悠久，底蘊深厚。尤其是有著歷史光輝、不失貴族氣質的賴茅，回歸茅台酒陣營，對白酒市場有著極大的文化衝擊力。

第二個「三」為三個區域性重點產品：漢醬、仁酒和貴州大麯。茅台酒廠畢竟是茅台酒廠，出手必是大作。漢醬、仁酒和貴州大麯是茅台酒廠的三大老醬，此次作為重點品牌披掛上陣，肩負重任，旨在為茅台酒滲透各區域龍頭酒商之必守陣地——中端市場。一向專注於高端產品的企業，下沉到中端市場，考慮到工藝、人工等成本因素，往往風險較大。由老「醬」出馬，穩健、保險，可以為茅台酒滲透中端市場節省更多的精力和資源。

隨著「一三三品牌戰略」的實施，茅台酒廠將在中國的白酒市場上形成一個產品集群。飛天茅台讓人望塵莫及，「三茅」縱橫捭闔，「三醬」多方滲透，產品布局合理，層次分明，充分考慮了茅台酒的多種消費需求。未來想喝茅台酒的時候，或許會被問到：你要哪一種茅台？

產品結構變了，行銷策略要變；時代變了，行銷方式要變；消費者的要求變了，行銷品質要變；競爭格局變了，行銷模式要變。

其實，茅台酒廠的行銷一直做得很有高度。在中國白酒企業中，行銷費用占銷售收入比重在 20%以上的企業達 70%；還有 5%左右的白酒企業，行銷費用占比接近 50%，相當於賣出去的酒錢有一半用於賣酒；只有不到 10%的白酒企業將行銷費用控制在 5%以下，茅台酒廠就在這個 10%的陣營當中。

儘管如此，在產品結構有較大改變的情況下，行銷策略仍需做出相應的調整，從行銷手段到行銷模式，從服務思維到服務品質都要變。飛天茅台對於大多數人來說，只聞其名，難見尊容，太多的人終其一生都聞不到其醇香。飛天茅台過去、現在、將來都只能滿足小眾消費，奢侈消費。至於普通家庭逢年過節喝上一瓶茅台酒，在理論上當然成立，但並非飛天茅台的行銷重點。這一點眾所周知，無須掩飾。「三茅」、「三醬」面向大眾白酒市場，這是區域龍頭酒商極力捍衛的地盤，在這一塊的行銷並非茅台酒廠的強項，如何在非強勢領域顯現茅台酒廠的氣勢和優勢，制訂與茅台酒廠核心能力相匹配的行銷戰略很重要，找到層次分明的行銷手段也很重要。

茅台酒廠的九個行銷即順應變化而成，並迅速成為茅台酒的行銷秘笈：

在工程行銷上下大功夫，就是把培養醬香型白酒消費群體，引領醬香型白酒消費潮流，不斷實施品牌戰略、文化戰略和差異化戰略，作為茅台酒廠行銷的系統工程，大力拓展茅台酒和醬香型白酒在市場中的份額，增大市場占有率、影響力、輻射力。

在文化行銷上下深功夫，就是利用產品文化力、中國國酒文化底蘊和品牌優勢進行行銷，把茅台酒文化故事化，講好茅台酒故事，加大對長期適量飲用茅台酒有利健康的宣傳，加大對茅台酒品質、工藝、文化、環境、誠信、社會責任方面的宣傳，塑造企業和民族品牌的正面形象，傳播中國白酒正能量，實現文化與品牌行銷並重的和諧效應，不斷增強茅台酒廠對白酒文化的詮釋能力，和對中國白酒文化走向世界的引領能力。

在事件行銷上下巧功夫，就是「搭順風車」行銷，做到巧妙「搭順風車」，善於「搭順風車」。積極參與到政治、經濟、社會文化重大事件中，透過會議、活動贊助和合作，吸引媒體、社會團體和消費者的興趣與關注，強化茅台酒廠在重大事件中的影響力，提高企業及產品的知名度、美譽度和忠誠度，樹立良好品牌形象。在服務行銷上下細功夫，就是堅持「行動換取心動，超值體現價值」的服務理念，透過建立精緻服務體系、完善服務標準、精簡業務流程、彌補物流短板，確實做好售前、售中、售後服務，加強客戶關係管理和親情服務，不斷提高市場服務水準和能力，以優質服務促進銷售，提升顧客占有率和滿意度。

在網路行銷上下強功夫，就是深耕細作，強化市場意識，不斷優化渠道，健全行銷網路，不斷向商務消費、大眾消費、家庭消費、休閒消費、酒店消費和社區消費轉型，豐富、完善茅台酒在三四線城市行銷網路的布局和建設。

在個性行銷上下硬功夫，就是大力將個性行銷打造成全新的「體驗式營銷」，做到顧客體驗無縫化、透明化、視覺化和個性化；瞄準全球知名人士，瞄準中國有大網路的企業，開發定制酒。

在感情行銷下真功夫，就是真心服務顧客，加強感情溝通，增進情誼，將感情轉化為銷售力，不斷擴大朋友圈，不斷增加回頭客。

在誠信行銷上下實功夫，就是堅持百年老店，百年誠信，恪守四大誠信，即品質誠信、經營誠信、價格誠信、推介誠信，大力開展「放心酒工程」和免費鑒定活動，抓好「七個打假」，捍衛茅台酒的品牌形象，捍衛茅台酒百年老店的金字招牌。

在智慧行銷上下精功夫，就是利用互聯網、大資料技術，打破線上線下的界限，建立從實體店到網路商店的全管道銷售方式，打造線上銷售、線下體驗、線上與線下一體化的行銷鏈，接通聯繫到消費者的「最初一公里」和「最後一公里」。創新「互聯網＋大資料」行銷模式，加強與全國知名電商及連鎖酒商合作。積極對接「中國製造 2025」，用三至五年時間，建設白酒行業首個集 B2B2C、物聯網、防偽溯源、大資料分析調度、產業金融服務、收藏拍賣於一體的綜合種類交易平台。

「九個行銷」是逐漸形成的。其中最重要的工程行銷，早在二十世紀九〇年代後期就已經提出。智慧行銷的提出則來自於互聯網的壓力。「八〇後」、「九〇後」逐漸成為白酒的新興消費人群後，網購白酒的需求增大，線上銷售每年都在翻倍地增長。針對年輕消費者更喜歡線上消費的特點，茅台酒廠順勢而為，希望以智慧行銷，牢牢抓住這個有無限增長可能的消費群體。

做酒的企業，興衰存亡最終掌握在喝酒的人手中。有人喝你做的酒，企業才能生存下去。洋洋灑灑「九個行銷」，核心只有一個，就是以喝酒的人為中心，吸引更多的人來喝茅台酒。抓住了這個核心，行銷就一定是贏銷。

與友人約登東山雨阻不果——陳紹虞

天涯高閣幾回憑，約伴尋芳載酒登。
客裡有詩酬歲月，雨中無夢到崚嶒。
身沾飛絮依垂柳，馬怯沖泥掛短藤。
自笑迂疎惟有拙，只將獨醉謝良朋。

26 // 文化茅台

中國人喝酒喝的是文化。河朔的避暑之飲是文化，會稽的曲水流觴也是文化；文人墨客行令是文化，販夫走卒猜拳也是文化；高雅一點的慢飲細品是文化，粗獷一些的「感情深一口悶」也是文化；文藝青年以酒激發靈感是文化，平頭百姓借酒尋求刺激同樣也是文化。不管如何，只要喝起來，酒裡就都是文化的味道。

喝酒的人喝文化，賣酒的人當然也要賣文化。深諳其道的茅台酒廠率先在中國白酒業提出「文化酒」概念。帶頭大哥的文化酒，引來一堆跟隨者，白酒界頓時文化昌盛。五糧液賣尊貴，劍南春賣喜慶，國窖1573賣歷史，汾酒賣館藏，郎酒賣紅色，水井坊賣高尚，洋河賣情懷，金六福賣福氣，董酒賣密釀，古井貢酒賣年份，瀘州老窖賣老窖，酒鬼乾脆就賣一個「醉」字。賣酒的人順應喝酒的人所謂的文化需求，紛紛亮出了自己的文化。

然而，文化這東西不是說有就有，也不是貼個標籤立馬就有了文化。單論酒的文化，無論底蘊和內涵，還是品質和氣度，都少有堪與茅台並肩媲美的。茅台酒是有文化的酒，首先來自悠久的歷史。單說起自明清的燒坊，這悠長的歷史就能沉澱出茅台酒濃濃的酒香。更不要說還有金光閃閃的巴拿馬萬國博覽會獎章，為茅台酒做歷史背書。百年來始終如一地視金獎榮譽為生命的，在全球範圍內，除去茅台酒廠幾無第二家。在巴拿馬萬國博覽會獲得獎章的企業和產品為數不少，中國也有產品與茅台酒同時獲獎，但高度認同巴拿馬萬國博覽會金獎價值，並透過百餘年的時光將這一價值發揮到極致的，捨卻茅台酒廠也無第二家。什麼是文化？這就是文化。僅有漫長的歷史而沒有傳承，不注重歷史的沉澱，不挖掘歷史的價值，那歷史就只是一紙記錄，而不是文化。

茅台酒是有文化的酒，還來自與眾不同的釀造工藝。中國白酒雖然都是蒸餾酒，但茅台酒九蒸八酵、三高三長的蒸餾工藝較其他白酒遠為複雜。獨特的釀造工藝始自傳承，終於堅守，堪稱中國傳統工藝的活化石。數百年來滄海桑田，流程重組、技術改造、設備更新，而工藝的本質不變，工藝的靈魂仍在。

茅台酒是有文化的酒，在於酒中散發的人文光輝。僅紅軍長征經過茅台鎮的故事，就充分顯現出茅台酒濃厚的人文色彩。紅軍在茅台鎮喝了三天酒，茅台人卻講了不止八十年。紅軍的故事、紅色的淵源，成為茅台酒獨有的內涵價值，不可複製，無法強求。茅台酒裡不僅浸滿紅軍的故事，這些故事還演繹成茅台酒的紅色文化。萬里長征的紅軍、茅台地區的紅土壤、釀酒的紅纓高粱、酒瓶上的紅飄帶以及紅商標等系列紅色的組合，釀成了紅色的茅台。

茅台酒是有文化的酒，也在於它的威儀和影響。茅台酒見證了現代中國幾乎所有的重大歷史事件。從 1949 年的開國宴席主酒，到融化中美、中日堅冰的外交酒；從普天同慶的歡樂酒，到出征將士的壯行酒；從「兩台」輝映日內瓦的友誼酒，到香港、澳門回歸時的祝賀酒；從中國加入 WTO、申奧成功時的喜慶酒，到神舟太空船遨遊太空的慶功酒……茅台灑作為文化使者，時而儀態萬方，時而威風八面，在現代中國政治、經濟、外交的多個場合出足風頭。

茅台酒是有文化的酒，還在於它是綠色的酒，是健康的酒。赤水河谷的原始生態，釀酒原料的綠色供應鏈，確保了茅台酒的綠色環保。茅台酒喝出健康來的理念，雖然引來了一些爭議，但反映的卻是茅台酒廠宣導文明飲酒、健康飲酒的先進文化。

文化既已入酒，賣酒就是賣文化。隨著從賣酒到賣文化的轉型，茅台酒最大的價值所在就不再是酒，而是文化。

茅台集團總經理李保芳，把在百年傳承與創新的茅台文化提煉為，具有豐富內涵的「酒香、風正、人和」六個字。

「酒香」涵蓋了茅台立身的主業特徵和品質價值。

茅台發軔於酒、揚名於酒，發展依賴於酒。因而，扎扎實實、心無旁騖地釀好酒，切實做好酒的文章，扎實發展基礎，把主業做強、做優、做大，不斷提升茅台的影響力、控制力和抗風險能力，仍是必須堅定不移、堅持不懈的立身之本。不深耕主業，或者主業做不好，當然就做不了其他事情。

茅台酒香飄百年、歷久彌香，既得益於得天獨厚的釀造環境，更緣於茅台人長期以來對傳統工藝的矢志堅守、對品質把控的一絲不苟、對品牌培育的誠信追求、對市場開拓的不懈努力。今天的茅台，要保持酒香、扎實根基，關鍵仍在品質與品牌。一方面，要精益求精地釀造，確保品質過硬，讓獨一無二的香味濃郁。品質的堅守，關鍵在於統籌好傳承與創新，在傳承上堅守，在創新上堅定。把精益求精的工匠精神貫穿於工作的全過程，一筆一畫寫好「酒」字，以酒香迷人。另一方面，要盡心盡力地培育、維護品牌美譽，讓眾口皆碑的香氣傳承。品牌的提升，主要在於形成強大的品牌魅力。魅力由內而外，既要有底氣十足的競爭力；也要有公眾按讚的公信力。所以，茅台的品牌魅力在做「實」。

「風正」涵蓋了茅台實踐黨風、政風、行風的組織要求。

中國人自古崇尚「正」。以「正」為高潔，以「正」為操守，以「正」為修養。潮平兩岸闊，風正一帆懸。惟有風清氣正，才利於實幹創業。茅台的「風正」，追求的是風清則氣正，氣正則心齊，心齊則事，使茅台的發展具有良好的人文生態和環境。切實樹立和強化「大茅台觀念、大集團意識、一盤棋思想」，始終站在集團的高度和層面謀事幹事。始終秉承「愛我茅台，為國爭光」的企業精神，全心全意投入茅台的發展中去，用心做好本份工作，用心提高執行力。不斷強化擔當意識和工作責任，始終堅持馬上就辦，辦就辦好，讓做一件事、成一件事的理念深入人心、見諸於行。

茅台作為中國白酒行業的領軍企業，理應在引領產業發展上有新作為和新貢獻，樹立標杆、做榜樣。在確保自身風正的基礎上，善於宣導、敢於承擔，主動引領行業發展的正風。要恪守匠心，始終堅守工藝標準、嚴守品質底線、嚴格產品標準，堅持正當競爭、尊崇基本誠信、遵守商業道德，引領行業規範發展；要善於創新，在宏觀經濟下行和行業深度調整中穩住心神、冷靜面對，更加注重以改革促創新，以創新促轉型，增添動力，增強活力，妥善應對挑戰，引領行業穩健發展；要廣交朋友，堅持和而不同，以更加開放的胸懷，與業界知名企業增進友誼、加強合作、促進共贏，引領行業協調發展，為茅台發展注入更加強大的動力。

「人和」涵蓋了茅台構建利益相關方關係的基本願景。

中華文明歷來強調天人合一、尊重自然，萬物各得其和以生，各得其養以成。就茅台而言，人和重在與投資人和股東、消費者、經銷商、員工等各利益相關方和諧相處、共生共贏。

茅台是全民所有的國有企業，又是上市公眾公司。深入貫徹「創新、協調、綠色、開放、共用」的發展理念，集中精力抓生產、促銷售，加強主業，不遺餘力抓金融、促增長，做大體量，統籌推進公司有序、健康、持續發展，努力創造更多財富與效益，確保國有資產保值增值，股東利益穩步增長，致力於創造價值，達成與投資人和股東的「和」。

茅台的口碑既來自過硬的產品品質，也來自客觀公正的市場導向。始終注重市場配置資源的決定性作用，善於因勢而謀、順勢而為、乘勢而上，跳出傳統思維，擺脫傳統依賴，用創新的手段和辦法抓行銷。經銷商是茅台的合作夥伴，消費者是茅台的衣食父母。堅持從正面引導，用公開、透明的方式向市場和消費者傳遞正確資訊，強化消費者忠誠和信心；與經銷商群策群力，共同促進經銷商效益的提高與合理回歸，不期望暴利，不追逐暴利，讓老百姓喝得起、承受得了。

企業的發展最終靠的是人。珍惜企業上下團結一心、實際創業的大好局面，保持同舟共濟、務實奮進的精氣神；精心統籌員工收入與企業效益間的關係，確保二者同步增長、比例適度，提高員工預期，激發員工激情。建設以人為核心的茅台文化，提升茅台發展軟實力，讓一線員工有目標及希望，讓廣大員工健康工作、快樂生活，有更多成就感。充分發揚企業家精神和工匠精神，堅持引進「達人」、推出「匠人」、培養「傳人」，向中國國內外招攬一批戰略、市場、金融、管理、大資料和公關等領域的創新型精英人才，培養一批懂傳統工藝、守品質信仰的工匠隊伍，增強茅台發展的引領力和支撐力。

概括起來，茅台文化就是：靠「酒香」立身，靠「風正」強魂，靠「人和」成事。

「酒香、風正、人和」的文化內涵明確表達了茅台的戰略意圖。作為中國製造業符號性的品牌，茅台當然不僅僅滿足於做一款文化酒。茅台的戰略大方向是：以茅台的潛質和優勢，圍繞酒業、一體化業務、同心多元化業務和金融投資業務四大板塊，按照既定發展理念、策略和路徑，走出一條獨具茅台特色的發展之路，推動邁進大茅台時代，將茅台做強、做優、做大、做久。茅台酒文化只是一個引子，只是一個排頭兵，最終展現在世人面前的，應當是一個以茅台酒文化為特色的文化茅台。

近幾十年來，中國以超強的學習能力和創新意志，在改變自身的同時，也影響著全世界。工業化之後的世界史一直是由西方文化統領潮流。然而，江山代有人才出，各領風騷數百年。經濟的快速發展極大地激發了中國人的文化自信。近年來興起的孔子熱、老子熱、誦經熱、書畫熱、茶道熱、舊宅熱、文物熱、中醫熱、養生熱，體現了中國傳統文化的強勢復興，說明獨特的文化資源正在中國崛起的過程中扮演著重要的角色。

中國發起的一帶一路政策，絕不僅限於經濟領域，更不可能是簡單的產能轉移。從 2017 年五月在北京一帶一路國際合作高峰論壇的空前盛況就不難看出，隨著在諸多領域領跑態勢的形成，中國已然點燃重振漢唐雄風的引擎。振興中華，首先固然需要強大的經濟，而最終的標誌一定是民族文化影響著世界。沒有文化的再度崛起，就沒有中華民族真正意義上的復興。借助這條經濟帶傳遞優秀的民族文化，把中國文化帶出去，拉開以文化影響世界的時代序幕，基本條件已經成熟。

優秀民族企業的社會責任，不只是贊助希望小學，不局限於扶貧濟困，而是要有大擔當，要挑起歷史的重任。在這個歷史的重大關口，中國國酒茅台酒廠理應當仁不讓，充當中國的文化使者。打造一個代表中國民族工業的「文化茅台」，是時代賦予茅台酒廠的使命，是國家和民族賦予茅台酒廠的責任。

今日的茅台酒廠，經歷了數十年品質時代的磨練和十幾年品牌時代的努力，完成了超越同行、率先出境的旅程，在國際市場享有很高的知名度和美譽，在國際友人中有極高的曝光率。2017 年六月初，WPP（英國的廣告及公關公司，為全球最大的廣告集團）和 Millward Brown（市場研究公司，隸屬 WPP 集團）發布「2017 年全球最具價值品牌一百強」榜單，茅台酒廠以其品牌價值 170 億美元榮譽上榜；而在 BrandZ 公布的「2017 最具價值中國品牌十強」中茅台酒廠排名第九，且是各品牌中唯一的工業實體。有國家綜合實力作支撐，有民族歷史文化作背書，茅台酒廠代表中國酒業、代表中國企業走向國際舞臺的資格已完全具備，作為中國名片當之無愧。

文化茅台不同於以往的茅台酒文化，其功能也不僅局限於品牌的傳播和產品走向世界。文化茅台是一個工程，是一個負載中國文化內涵、肩負民族重托、承擔社會責任的工程。

民族的就是世界的。中國白酒是獨特的，正因為它的獨特性使之最有可能在文化上成為世界的。作為產品，茅台具備和平涵義，杯酒泯恩仇；作為企業，茅台代表工匠精神，一錢半一杯的普通茅台酒必須經過三十道工序、165 個工藝環節、歷時五年釀造而成；作為品牌，茅台酒廠持續追求卓越，處在絕對的一哥地位依然強調「五自精神」——自出難題、自找麻煩、自討苦吃、自我加壓、自強不息。茅台文化中熱愛世界和平、堅持工匠精神和追求卓越品質的特徵，也正是文化茅台的價值訴求，代表的是中國文化主體的一部分。因此可以說，文化茅台完全可以成為，中國文化走向世界的重要標籤。

作者認為，文化茅台工程，至少有以下主體專案可以率先展開：

一是建立「一帶一路」茅台窗。隨著一帶一路政策的實施，沿線各國的重要樞紐城市，不僅僅是所在國政治和經濟的中心點，也將成為各國文化交流的彙集地。茅台應在一帶一路沿線重要國家及城市的國際機場開設茅台專賣店，作為展示、傳播、推廣中國文化元素的重要視窗，把一帶一路變成茅台傳播中國文化，寬闊綿長的高速公路。

二是設立世界工匠茅台獎。為了宣揚工匠精神（尤其是食品行業的工匠精神），設立茅台世界工匠基金，委託協力廠商權威評選機構具體運作，聯合全球媒體公正公開海選，每年評選一次世界工匠茅台獎，在全球範圍內的食品行業推舉、評選出三位能夠代表工匠精神的獲獎者。

三是東方三寶再定義。聯合國際權威品牌及文化機構、媒體以及文化學者團隊評選東方三寶，並對結果進行權威發布。東方三寶暫定為「貴州茅台、景德鎮瓷器、杭州西湖龍井茶」。聯合杭州市、景德鎮市政府的資源和力量，共同組織和推進，以統一的口徑定義東方三寶並對外宣傳。牆裡開花牆外香，傳播由外而內。透過國外網路社會媒體等力量進行民間炒作，產生社會影響，再讓資訊傳回中國，組織中國主流媒體和影響力大的新媒體、自媒體聯盟回應，形成共振，並持續推動成為多次熱點。

文化茅台不僅僅是企業行為，而是代表中國國酒、代表中國民族工業的行為。因而文化茅台的創建，必須堅持國際性、獨創性。要有全球視野、國際高度，以中華民族偉大復興的中國夢為大背景，讓茅台酒廠作為傑出製造企業的中國名片，在國際舞臺上展現自己的獨特優勢。要與眾不同，像茅台酒那樣不可複製。為人之不為，才能獨樹一幟；為人之不能為，才會石破天驚。文化茅台不僅僅要展現茅台的文化特徵和品位，更要體現茅台酒廠的歷史責任和擔當。

山中雜詩——黎汝謙

猴栗叢叢蝟刺包，剝來小火漫煨炮。
磁瓶盛滿茅台酒，野味芳香勝饌肴。

27 國酒

茅台酒是中國國酒。如今，茅台酒在中國人的心目中，國酒地位已經牢不可破。茅台酒成為中國國酒，既非自封，亦非炒作，而是經過百餘年歷史沉澱的必然結果。

1915 年巴拿馬萬國博覽會獲得金獎，為茅台酒日後成為中國國酒奠定了基礎。二十世紀初期的中國是一副積貧積弱的形象，除了絲綢、瓷器、茶葉等幾樣老商品，其他產品在世界上幾乎無人知曉。茅台酒於此國家困頓之際，從大山之中一騎殺出，並一戰成名，開啟了中國產品走向世界的大門。僅此一點，茅台酒就有充分的資格成為中國白酒的代表，乃至成為中國民族產品的代表。

1949 年十月一日在北京飯店舉行的開國喜宴，茅台酒被選為宴會主要用酒，確定了茅台酒作為國酒的基調。從此以後，每年的中國國慶招待會，茅台酒都是指定用酒。而且，在若干重大政治經濟文化活動中，茅台酒當仁不讓，頻頻亮相。茅台酒幾乎成了國家級宴會的專用酒。

茅台酒作為民族產品符號性的代表，為新中國外交事業也屢立奇功。毛澤東就用茅台酒招待過朝鮮領導人金日成、越南領導人胡志明和蘇聯開國元帥伏羅希洛夫等國外貴賓。茅台酒廠至今還珍藏著數張毛澤東和外賓用茅台酒碰杯的照片。周恩來 1954 年在瑞士日內瓦出席國際會議時，在中國代表團舉行的招待宴會上用的也是茅台酒。1972 年中美關係正常化，尼克森訪華，毛澤東、周恩來用茅台酒款待。同年九月，日本首相田中角榮訪華期間，一直喝的也是茅台酒。1984 年十二月，中英聯合聲明正式簽署後，鄧小平也用茅台酒宴請「鐵娘子」柴契爾夫人。兩年後，鄧小平在北京釣魚臺國賓館美源齋，接待首次訪華的英國女王伊莉莎白二世，用的是自己珍藏二十多年的茅台酒。茅台酒的意義和分量可見一斑。

很顯然，茅台酒在中國的對外交往中就是中國白酒的形象代表。正是隨著這一次次在外交場合的拋頭露面，茅台酒的國酒名分水到渠成，國酒地位也越來越牢固。

茅台酒成為中國國酒，與中共第一任總理周恩來不無關聯。周恩來是否於 1935 年隨紅軍長征到達茅台鎮時，第一次喝到天下聞名的茅台酒於史無考，但這次喝茅台酒的經歷讓周恩來記憶深刻，也讓善飲的周恩來對茅台酒念念不忘，在以後的多種場合力挺茅台酒，從而成就了茅台酒的國酒之尊。中國開國喜宴，就是周恩來力主用茅台酒作為宴會主酒。1950 年中國國慶招待會，周恩來親自打電話到貴州調撥茅台酒。茅台酒和汾酒曾一直為孰先孰後、孰師孰徒的問題爭論不休。1963 年在一次全國性會議上，周恩來發話擺平爭議：茅台酒的香型和釀造方法與汾酒完全相同，南北兩方不存在師徒關係，但要說先後，茅台酒理應在先。赤水河上游不準建化工廠，確保茅台酒生產的水源水質，最早也是出自周恩來的指示。可以說，沒有周恩來就不會有今天的茅台酒。茅台酒廠一直以來也尊周恩來為「國酒之父」，在茅台酒廠總部的廣場上，由淮安市政府贈送的周恩來「國酒之父」的雕像就矗立在最為顯眼的位置。

在新中國的歷屆評酒會上，茅台酒都在中國名酒之列，這是茅台酒作為國酒的另一個重量級籌碼。

中國第一屆全國評酒會於 1952 年在北京舉行。當時中國釀酒業處於整頓恢復狀態。除少數原屬官僚資本的酒商被沒收為公有外，大多數酒類生產都為私人經營。負責酒類生產管理的中國專賣事業公司，按照事先確定的入選條件，收集全中國的白酒、黃酒、果酒、葡萄酒 103 種。本屆評酒會主持專家朱梅、辛海庭，結合北京試驗廠（現北京釀酒總廠）研究室的化驗分析結果，評出中國名酒共八種，其中白酒四種：茅台酒、汾酒、瀘州大麴酒、西鳳酒。這次評酒會翻開了中國酒類評比歷史的新篇章，八大名酒的評選結果也確立了中國酒業的基本框架。茅台酒眾望所歸，以其優良的品質、獨特的工藝、悠久的歷史和良好的口碑名列白酒類榜首。

中國第二屆全國評酒會仍在北京舉行，時間是 1963 年十月，此時距第一屆評酒會舉辦已過十一年。這次評酒會由輕工業部主持。白酒、黃酒、葡萄酒、啤酒和果露酒五大類共 196 種酒參加評選，酒樣由中國二十七個省、市、自治區選送。中國白酒界泰山北斗級的大師周恒剛，受命出任評酒會主持專家。本屆評酒會共評出全國名酒十八種，全國優質酒二十七種，其中白酒類八種：五糧液、古井貢酒、瀘州老窖特曲、全興大麴酒、茅台酒、西鳳酒、汾酒、董酒。此時，一代勾調大師——李興發還在對醬香酒的三種典型酒體，做艱難的比對和辨別，白酒的香型理論還不成熟，所以這屆白酒評選並未區別白酒的不同香型，結果，香氣濃厚者占盡優勢，後來被稱為濃香型的白酒大獲全勝。而放香較弱的清香、醬香型白酒得分較低，第一屆評酒會上的四大著名白酒中茅台酒、西鳳酒和汾酒都因為這個因素而排名相對靠後。這也是茅台酒在歷屆評酒會中唯一一次未能占據榜首位置。兩年後，以李興發和季克良發現醬香酒三種典型酒體為發端，白酒香型理論橫空出世，茅台酒占據中國名酒（白酒類）榜首的位置就再也沒有失守過。

中國第三屆全國評酒會於改革開放後的1979年八月舉行，距離第二屆評酒會又過了十三年，仍由輕工業部主持，地點在風光旖旎的濱海城市大連。與前兩屆相比，本屆評酒會有幾個亮點：一是制定《第三屆全國評酒會評酒辦法》共九項近百條款，評酒規範化、標準化；二是在白酒類別按醬香、濃香、清香、米香、其他香等五種香型分別評比，進一步確認中國白酒的香型分類；三是評酒委員會陣容強大，除周恒剛、耿兆林出任評酒會主持專家外，另有評酒委員六十五人，其中白酒評酒委員就有二十二人。除少數特聘委員外，大部分專家均經考核後才獲聘出任評酒委員之職。第三屆評酒會共評出中國名酒十八種，優質酒四十七種，其中白酒類名酒八種：茅台酒、汾酒、五糧液、劍南春、古井貢酒、洋河大麴酒、董酒、瀘州老窖特曲酒。十三年過後，八大名酒重排座次，茅台酒重返榜首，洋河大麴異軍突起，西鳳酒日漸式微，濃香型白酒強勁如舊。第三屆評酒會準備充分，組織嚴密，方法科學，評定合理，令人信服。尤其是白酒評比，歷史意義重大，堪稱中國評酒史上的里程碑。

第四屆、第五屆全國評酒會改由中國食品工業協會主持，分別於 1984 年在太原、1989 年在合肥舉行。兩屆評比中，茅台酒均毫無懸念地占據白酒類榜首位置。從第四屆起，品牌意識抬頭，所有酒類一概以單行品種參評。在這兩屆榮獲金獎的茅台酒即蜚聲中外的飛天茅台。

二十世紀九〇年代以後，在中國經濟飛速發展的大背景下，各大酒商紛紛匯入市場經濟的大潮，企業改制，經營獨立，盈虧自負，衡量酒商的標準快速轉變為銷量、營收、利潤等要素。相形之下，全國評酒會的含金量開始下降。為保護中國名酒的權威性，輕工業部毅然決定停辦全國評酒會。於是，1989 年的第五屆評酒會成為「絕響」。然而，中國名酒的概念已深入人心，歷屆評酒會評選出來的中國名酒，或將成為後來者難以逾越的高峰。

首屆評酒會評出的白酒四大名酒中，茅台酒、瀘州老窖、汾酒蟬聯五屆中國名酒稱號，西鳳酒蟬聯了四屆，足見首屆評酒會的權威性和含金量。在一共舉辦的五屆評酒會中，茅台酒四次榮登榜首，作為中國白酒的標杆毋庸置疑，以茅台酒為中國白酒的代表，稱茅台酒為國酒，應該沒有任何爭議。

對於來之不易的國酒榮耀，茅台人在倍加珍惜的同時，也當仁不讓地享受著。在對外宣傳時，不無驕傲、理直氣壯地喊出：到茅台喝國酒去！

茅台酒的國酒名號，還有它在海外良好聲譽的貢獻。巴拿馬萬國博覽會金獎已經說爛，毋須再說。早在二十世紀四〇年代，在其他的中國白酒還「養在深閨人未識」時，茅台酒的前身「賴茅」已在海外銷售，並取得良好業績。1953 年，成立僅兩年的茅台酒廠即以香港為橋頭堡，向東南亞地區銷售茅台酒。幾十年來，茅台酒廠在海外市場深耕細作，既賺銀子又賺名聲。中國的白酒成千上萬種，所謂名酒也不下數十種，但在海外，不少人只知道兩種：茅台酒和其他中國白酒。

目前茅台酒廠在全球一共發展了九十四家海外經銷商，直接發貨的國家和地區已經達到六十三個，產品分布於五大洲和全球重要免稅口岸，海外市場的銷售網路布局日趨完善。2016 年，茅台酒海外銷售量高達 1721.03 噸，實現出口創匯 3.14 億美元，同比增長 50%，占中國白酒出口創匯總額的四分之三，遙遙領先於其他白酒品牌，穩居全國第一。未來五年，茅台酒廠力爭在海外市場實現年均 15%以上的增長，到 2020 年，海外銷量力爭占到茅台酒總銷量的 10%以上，實現消費群體，從以華人市場為主向西方主流市場為主的轉型。

2015 年十一月，茅台酒重返首獲國際殊榮之地的舊金山，以「金獎百年，香飄世界」為主題，舉行茅台酒榮獲巴拿馬萬國博覽會金獎一百周年慶典活動。舊金山市長李孟賢在出席慶典活動時宣布，每年的十一月十二日將被定為舊金山的「茅台日」。一個中國企業獲得這樣的殊榮，在舊金山的歷史上並不多見。商務活動密集、各類前瞻產業發達的舊金山，是全球一線品牌競爭最為激烈的城市之一，廣告林立、流通迅速。茅台在此高調舉辦百年紀念慶典，是一場成功的品牌造勢，是對躋身全球一線品牌陣營的自信，其國際影響至少在中國白酒企業中無出其右者。

中國提出一帶一路政策後，茅台酒廠即開始在沿線國家深耕布局。繼 2015 年在莫斯科、米蘭舉辦大型推廣茅台酒的活動後，2016 年年底又在德國漢堡舉行茅台酒一帶一路專題推廣活動。根據一帶一路沿線國家市場需求，茅台開發了一帶一路茅台紀念酒，並在德國漢堡正式發售。目前，茅台酒已經進入二十六個一帶一路沿線國家，銷量達到全球總銷量的 18.91%，其中在東盟國家的銷量占到了沿線國家總銷量的 71.11%。在中歐和東歐區域，茅台酒同樣發展亮眼，新增了立陶宛、白俄羅斯、烏克蘭等地的經銷商，銷量同比增長接近 90%。如果說在此之前，茅台酒以其品牌影響力已經獲得海外主流市場的持續認可，那麼一帶一路政策的頒布，則為茅台酒打破產品布局界限，進一步深度參與國際競爭，提供了又一個以中國國徽為背景的視窗。

作為與法國科涅克白蘭地、英國蘇格蘭威士忌齊名的世界三大蒸餾酒之一，茅台酒多年來在海外獲獎無數，其品牌價值也一路飆升。根據世界上最權威的品牌評估機構 Brand Finance 公布的報告，茅台酒的品牌價值，在 2015 年即超越連續十年來排行第一的世界知名品牌——約翰走路（Johnnie Walker）威士忌，成為世界最昂貴名酒品牌。該機構發布的 2017 全球烈酒品牌價值五十強排行榜上，茅台酒品牌價值為 11,548 億美元，繼續排名首位。

茅台酒是中國偏僻地區釀造的烈性酒，經過幾代人的品質堅守，經過上百年的文化醞釀，終於成為中國民族工業代表性的品牌，成為全球飄香的國家名片。

茅台酒作為中國國酒，名副其實，當之無愧。

仁懷風景竹枝詞——盧鬱止

茅台香釀釅如油，三五呼朋買小舟。

醉倒綠波人不覺，老漁喚醒月斜鉤。

28 收藏界寵兒

酒是用來喝的，名酒則另當別論。對於名酒，喝掉它只是體現了它的現實價值。除此之外，名酒還具有投資價值。很多人囤積名酒，以待增值，其實就是一種投資，指向的是名酒未來升值空間。名酒還有它的文化價值，體現名酒文化價值的方式就是收藏。如果一件商品既可以使用，又可以投資，還可以收藏，毫無疑問就是名貴的商品。如果一種酒同時具備這三種價值，那當然就是名酒中的上品。

茅台酒就是這樣的酒。可以喝，手執一杯，醇香撲鼻，仰頭入喉，回味無窮。可以投資，茅台酒是稀缺產品，市場供應有限，多年來其價格漲得多跌得少，保值是一定的，增值的空間也很大，甚至還可以用於抵押。可以收藏，文化品味高，工藝特點明顯，品牌世界知名，在酒界的地位尊貴，關鍵是醬香酒越是陳化品質越高。

所以，茅台酒除了飲用、投資外，一直以來也是收藏界的寵兒。自從成為「國酒之尊」，茅台酒更是引來無數收藏家爭相追捧，收藏價值越來越高。

一般來說，只要有收藏茅台酒的意向，隨時都可以入手。只要是飛天茅台（含五星茅台），任何一款都有收藏的價值。

按茅台酒的出廠時間來分，當然是時間越長收藏的價值越高。醬香酒講究的就是陳化時間，陳化時間越長，老熟得越透，價值就越高。因為茅台酒醬香型的特質，年份始終是衡量收藏價值的重要標準。但若時間太長，五〇年、八〇年的酒就只能收藏，而不能直接飲用，非要飲用，必須重新勾調。中國棋聖聶衛平曾經藏有一瓶二十世紀二〇年代的絕版茅台酒，為 1985 年胡耀邦所贈，屬稀世珍寶。2001 年為慶祝中國國家男子足球隊殺進世界盃，聶衛平決定喝掉這瓶茅台酒。喝之前，特邀勾調大師季克良親自赴京重新勾調。

通常以新中國成立初期、文革時期、改革開放、經濟騰飛四個時期作為茅台酒收藏的層級，越往前的酒收藏價值越高。四個時期的劃分是粗略的，同一時期不同年份的酒，收藏的價值也有不同。收藏界亙古不變的真理就是物以稀為貴。經濟實力雄厚並具有豐富藏酒知識的收藏家，往往偏好存世較稀少的品種。二十世紀五六〇年代的土陶瓶茅台酒是首選，稀少，年代久遠，為重量級藏品，價值都在百萬元以上，而且升值率極高。對一般的收藏家，二十世紀八〇年代的飛天茅台或五星茅台，就是很不錯的收藏。

茅台酒按照商標類別分，有金輪、五星、飛天、葵花幾種。

五星的前身是金輪。商標圖案是一樣的，只是名稱改變而已。金輪茅台存世不多，殊為珍貴。五星茅台一直在國內銷售，存量較多。1966 年七月改用五星商標時，使用帶有「開展三大革命運動」字樣的背標，直到 1982 年年底廢棄。使用該背標的茅台酒因具有濃厚的時代感，而成為基礎收藏品種。

1959 年開始生產的飛天茅台一直是外銷品牌，當時的產量就不多，目前存世更少，按理說相當珍貴。但 1976 至 2006 年的飛天茅台在瓶身並未標註生產日期，只是在每箱的裝箱單上標有出廠時間，從而嚴重影響到這一時期的飛天茅台的收藏價值。不過，如果誰藏有整箱這一時期的飛天茅台，必定價值連城。

葵花茅台也是時代的產物。飛天商標因「四舊」嫌疑遭棄用後，以葵花牌取而代之，對外銷售。1967 年開始啟用，1975 年二月停用。葵花茅台只存在幾年時間，而且因其紅色寓意而出口銷量不大，存世不多，因而備受藏家追捧，收藏價格高於二十世紀七〇年代的飛天茅台。

1978 年，工作人員在整理倉庫時，發現被閒置三年的葵花牌商標 258 萬張，本著勤儉節約的精神，這批商標被用於當年的內銷包裝，背標則採用當時內銷茅台的三大革命。這批葵花茅台因而被俗稱為「三大革命葵花」或「三大葵花」。三大葵花在茅台酒發展歷史上是個特殊的存在，時代感強，意義特殊，而且數量極為有限，因而紀念價值高。其收藏價值遠高於同年生產的五星茅台和飛天茅台，1978 年生產的五星茅台現價值五萬元左右，三大葵花現價值則在十萬元以上。

此外就是紀念酒的收藏分類。紀念茅台酒，純為收藏而打造，品味獨特，文化氣息濃厚，而且與歷史重大事件緊密關聯，每一款都是限量發行，是茅台酒藏家心目中的聖品。

茅台紀念酒分兩大類：一類是茅台官方發行的慶典紀念酒，如香港回歸紀念酒、澳門回歸紀念酒、中國國慶周年紀念酒等，禮品盒包裝，設計獨特，高貴典雅，是藏家摯愛。另一類是定制紀念酒，如中國建軍七十周年紀念酒、人民大會堂建成五十周年紀念酒等，多為普通茅台酒，僅增加相關文字而已，而且品種繁多，門類複雜，收藏價值與普通茅台沒有太大的差別。

紀念酒中，「前三件大事」、「後三件大事」六款紀念酒在收藏界名聲極高。前三件大事為 1997 年紀念香港回歸茅台酒、1999 年紀念澳門回歸茅台酒，以及同年十月中國國慶五十周年盛典紀念茅台酒。後三件大事為 2001 年北京申奧成功紀念茅台酒、中國國家男子足球隊殺入世界盃紀念茅台酒，以及中國加入世界貿易組織紀念茅台酒。這幾款茅台紀念酒與重大歷史事件關聯，限量生產，外觀設計精美，而且距今已有近二十年的酒齡，因而收藏價值很高。這幾款紀念酒都有流通的收藏空間和成熟的真偽鑒別技術，相對於其他年份更久的茅台藏品，真品率更高，更易於收藏。

其中，最為珍貴的首推1997年紀念香港回歸茅台酒，陳釀精心勾調，限量生產1,997瓶，絕版發行，酒瓶、酒標、絕版說明書都印有獨立編號，背標和絕版說明書均有中國白酒泰斗季克良的親筆簽名。2007年五月，在深圳舉行的世界名酒珍品拍賣會上，一瓶1997年紀念香港回歸茅台酒以十八萬元的價格被拍走。同年十二月，在貴陽舉行的國酒茅台慈善拍賣會上，另一瓶紀念香港回歸茅台酒被貴陽一家公司以二十五萬元的價格拍走。

1992年茅台酒廠特製了一款紀念酒——漢帝茅台酒。漢帝茅台酒外包裝為青銅鑄造、外鍍純金的方形龍首盒，形同玉璽，一次鑄造成型；盒蓋把手為龍頭形狀，口含金珠，鬍鬚可動，栩栩如生；內置酒瓶兩側，各有一支青銅製造的酒樽。該款紀念酒一共生產十套，鑄造包裝的模具製造完成後即被銷毀，單套造價高達十萬美元。漢帝茅台酒除一瓶留存茅台酒廠外，其餘九瓶在香港拍賣後便了無音訊。十九年後，漢帝茅台酒才重現江湖，在2011年首屆陳年貴州茅台酒專場拍賣會上，一套漢帝茅台酒以996.8萬元的天價，刷新了茅台酒拍賣成交價格的歷史紀錄。

茅台酒收藏家眾多，但各家風格迥異。玩高端的，指向稀有品種；一般的收藏家，玩玩基礎品種；博愛的收藏家，不論高中端，見酒就藏。河南的張姓收藏家，據傳是目前收藏茅台酒數量最多的，但到底有多少，只有他自己能說清楚；深圳的劉姓收藏家，茅台酒收藏曾經打破上海大世界吉尼斯紀錄；貴陽的肖姓收藏家，專門收藏新中國成立前的茅台酒瓶和酒罈，為全國第一人。有的是專業收藏家，茅台酒的知識豐富，收藏功夫扎實；有的一開始就是業餘愛好，喜愛茅台酒，偏好茅台酒文化，玩著玩著就成了茅台酒專家。

從外地初到貴州的李勇，對茅台酒並無興趣也不瞭解。經人介紹到茅台酒廠當貨車司機後，才慢慢與茅台酒結緣。李勇自稱在茅台酒廠經常做的三件事：看釀酒，看別人打酒官司，跟酒師交朋友。李勇先是學到不少茅台酒知識，接著對茅台酒產生濃厚的興趣，著手自己釀酒。他自費到中國輕工業協會組織的高級釀酒班，接受培訓學習，學成後就在仁懷開起了作坊，並能準確辨別十多種不同香型和口感的酒，令業內勾調師、品酒師刮目相看。因在全國糖酒會現場，鑒別出某知名白酒企業故意拿出來的一瓶高仿酒，李勇逐漸為業界所知。李勇的茅台酒收藏不顯山不露水，主要指向稀少品種，二十年來共藏有幾百瓶陳年茅台酒。每一瓶茅台酒，都有詳細記錄，都有故事，都有生命。李勇的收藏和宣傳得到茅台酒廠的認同和鼓勵，前幾年還獲贈一瓶，由季克良等茅台大佬聯合親筆簽名的茅台酒。如今作為國家級白酒高級勾調師和品評師，李勇還在釀酒，並與藏酒形成良好互動，但主要精力則放在藏酒上。與其他各種頭銜相比，他更喜歡中國藏酒協會認定的「茅台酒收藏專家」這個頭銜。

山東臨沂茅台酒收藏家遲志亮，一開始是為了紀念好酒的父親，在家中存放一些名酒，時間一長，就對這些名酒的產地、原料、香型和工藝等有所了解，最終產生藏酒興趣，最愛收藏的就是茅台酒。為收藏茅台酒，遲志亮傾盡家財，房子都賣了，開的車也從奧迪到福斯，再到二手中華。遲志亮幾乎每日必買茅台酒，寬裕時買稀缺品種，拮据時買點普通品種，屬於不論高中低端見酒就藏的那一類人。1954年的「艸」頭三節土陶茅苔，二十世紀六〇年代的「大腳丫」飛天、矮嘴木塞黃醬、葵花、三大革命、鐵蓋、紅皮、陳年、方印、1704，還有種類繁多的紀念酒，遲志亮藏有近百個品種共兩千多瓶茅台酒。其中，1996 年前出產的茅台酒的存量，就達一千五百瓶。從 1954 年到 1996 年間，僅缺少了兩個年份的酒，其他年份都有實物藏品。

2009 年，嗜酒如命的遲志亮以一百五十萬元高價購得一瓶稀世孤品—— 1954 年「艸」頭三節土陶茅苔。該瓶茅台酒瓶身標注 1954 年生產，按茅台酒五年存儲裝瓶出廠計算，應為 1949 年新中國成立之年釀造，為新中國第一代茅台酒，歷經六十餘年，見證了茅台酒廠公私合營後恢復生產的最高水準。自 1951 年茅台酒廠組建至 1953 年間出產的茅台酒，目前未有實物在收藏市場出現，因此，該瓶茅台酒為有準確出產年代以來最早的茅台酒。這瓶茅台酒正面商標為車輪圖案，繁體「貴州茅苔酒」，「艸」頭「苔」字，右下角廠名為中英文標註，是茅台酒廠建廠以來第一批出口包裝的茅台酒。「車輪」為茅台酒早期在香港註冊商標，僅使用五年即被飛天取代，「貴州茅苔酒」中「艸」頭「苔」也很快為簡體「台」字替代，因而這張商標也為絕世孤品。該瓶茅台酒二十世紀五〇年代出口新加坡，歷經半個多世紀滄桑歷史，酒瓶上當年的出口報關憑條、商標、封口都很完整，且至今具有飲用價值，其歷史價值和文化價值更是無法估量。

說起茅台酒收藏，不能不提 2011 年以近千萬元的天價，拍下漢帝茅台酒的大收藏家趙晨。更令人咋舌的是，趙晨在拍得這瓶酒中之王後，曾輕描淡寫地說，成交價格遠低於自己的心理價位。

二十世紀九〇年代開始藏酒的趙晨，初出茅廬即顯大玩家本色，僅用十多年時間，就將中國十七大名酒及五十五種優質酒的幾乎所有品種，完整地藏入自己的酒窖。之後，目標直指茅台，專注收藏稀世茅台酒。

在趙晨看來，他收藏的茅台酒從來就不是一種投資品，而是一段悠久的史話，一章優美的詩篇。趙晨一直主張用文化收藏茅台酒，只有以豐厚的文化基礎作為背景，才能深層次地享受藏品帶來的無限內涵。對於個人來說，收藏是一種享受；對於民族來講，收藏是對文化的一種傳承，一種保護。

趙晨的茅台酒收藏足跡遍及全球，聽到哪裡有茅台酒，就往哪裡跑，香港、東南亞、中歐、西歐，茅台酒歷史上的外銷地，都是他發現寶貝的好出處。在不長的時間裡，趙晨收藏的茅台酒總數達上千瓶，自民國時期的「賴茅」到新中國成立後的「五星」、「飛天」、「葵花」等，幾乎沒有斷代。2008 年，他的茅台酒收藏被載入上海大世界吉尼斯紀錄。

2011 年，趙晨的《茅台酒收藏》出版，開個人出版藏酒研究書籍之先河。該書凝聚趙晨多年來茅台酒藏酒心得，對茅台酒的發展歷程以及文化傳承進行了深入研究，對茅台酒的起源、名稱、與文化政治的關係、興盛原因一一做了考證，對茅台酒收藏的歷史、現狀、現存藏品以及收藏知識做了百科全書式的介紹，並對茅台酒文化發展的一系列問題提出獨特的見解。該書既是一本茅台酒收藏指南，也是一部茅台酒文化的大辭典。

稀缺一直是茅台酒的特點之一，所以在物以稀為貴的收藏界，茅台酒收藏的故事永遠動人心魄。在茅台酒收藏中傾聽藏品的故事非常重要。一款茅台酒，年份、包裝、存量固然重要，但藏品本身與其他茅台酒不同的經歷、背後鮮為人知的故事，同樣會給藏品增加很多文化價值。

茅台酒的收藏，是茅台酒文化傳承的一部分。茅台酒的地位與社會影響力，決定了其收藏價值和增值潛力。或許在不久的將來，茅台酒收藏就會像世界上那些知名的酒品收藏一樣，集萬千寵愛於一身，引無數英雄競折腰。

之溪棹歌（之三）——陳熙晉

茅台村酒合江柑，小閣疏簾興易酣。
獨有葫蘆溪上筍，一冬風味吞頭甘。

29 假冒偽劣傷害不了茅台

喝茅台的也好，藏茅台的也罷，最擔心的就是碰到假茅台。

然而，假茅台還真不少。究竟有多少，的確是一件不容易說得清楚的事情。前幾年坊間流傳，市面上 90%的茅台都是假的。而茅台官方堅稱，市面上的假茅台不會超過 5%。由於仿冒茅台的花樣繁多，根本無法統計，哪怕是粗略一點的統計都不可能，所以這兩個數字應該都不是精確的。

說市面上 90%的茅台都是假的，過於誇張。茅台酒 2016 年的銷售額五百億元左右，按 90%假茅台酒的說法，那真真假假的茅台酒一年的銷售額應該在五千億元左右。而 2016 年中國白酒的銷售額總共才九千八百億元。難道中國的白酒消費者半數以上都在喝茅台酒，包括真真假假的茅台酒？中國大規模的白酒企業有一千五百家左右，它們都是怎麼賣酒？所以，90%假茅台酒的說法相當不可靠。

5%假茅台酒的說法，似乎也有待商榷。雖然茅台酒廠以及各地的工商、警察部門努力打擊偽劣產品，但可以肯定的是，被打掉的假茅台酒只是冰山一角，而遠非全部。僅憑仿冒品數字判斷假茅台酒的多寡很難做到準確，從民間經常爆出買到、喝到假茅台酒的事件比例測算，5%的數字有點低估。

從製造端看，假茅台酒大致有三種類型。第一類是制假。酒瓶、商標、瓶蓋、飄帶、噴碼、防偽標識、外包裝等，完全按照茅台酒的樣式製造。技術手段根本不用擔心，道高一尺魔高一丈，真茅台酒做成什麼樣，假茅台酒就能做成什麼樣，典型的專業化、產業化制假。近年來，經過各方大力整治，規模化製造假茅台酒已經極為少見，但小批量的制假仍然很多，全國各地都有，茅台酒廠的所在地茅台鎮也有。這一類假茅台酒，制假者往往冠以「高端定制」之美名，消費者則稱之為「高仿茅台酒」。大家都刻意地避開那個「假」字，讓人哭笑不得。第二類是仿造。內外包裝均仿冒正宗茅台酒，打擦邊球，有侵權嫌疑，但並不打茅台酒的招牌。說它造假，肯定不是，它有自己的商標，有自己的廠家；說它不是造假，外包裝上做得卻又跟茅台酒大致相當。含混、模糊、曖昧，任由評斷。茅台鎮大大小小的酒廠中，至少有三分之一的產品走這條路線。第三類是造假。回收正宗茅台酒包裝，灌裝假酒。酒瓶、包裝盒、飄帶、瓶蓋，全是茅台酒廠出品的正宗貨，只有酒不是。讓那些習慣依靠包裝判斷真假茅台酒的人經常上當。此類情況較多。假如一些市場上茅台酒空酒瓶，都能賣到一百多元的傳說屬實，那麼這些回收的酒瓶必然用於造假。

從銷售端看，幾乎任何途徑都有可能買到假茅台酒，讓人防不勝防。茅台酒因其中國國酒之名，加上供應有限，所以在市面上很好賣，真茅台酒搶手，假茅台酒也搶手。街邊煙酒銷售部有假茅台酒，大型商場超市也有假茅台酒;實體店有假茅台酒，網上也有假茅台酒。據公開報導，一向以正品行貨自居、宣稱 100%為正品的 B2C 電商唯品會，在 2015 年的一次特惠活動中，賣的全是假茅台酒。少數不守法的茅台酒經銷商、專賣店也制售假茅台酒。廣東梅州的一家茅台專賣店經營者即因此鋃鐺入獄。北京有一家高級餐廳，來此用餐的大多是成功人士。由於經常來用餐，所以沒喝完的酒就寄放在餐廳，留到下次再喝，其中就有不少茅台酒。經偶然來此用餐的一位茅台酒專家肉眼鑒定，十瓶中有八瓶是假茅台酒。

那些收藏茅台酒的，自以為是行家，有火眼金睛，但一不小心也會受騙上當，因為陳年茅台酒、紀念茅台酒的造假也已經到了登峰造極的程度。二十世紀八〇年代的 53 度飛天茅台禮盒回收價高達一千四百元；茅台年份酒的禮盒回收價格，十五年的三百元，三十年的一千元，五十年的三千元至四千元，八十年的上萬元都有人回收。回收禮盒的用途，收藏的少，造假的多。目前市面上二十世紀八〇年代初的陳年茅台酒售價大概四萬元左右，即使賣相差一些的也不會低於三萬元。算下來，造一瓶假的陳年老酒，扣除成本，可以獲得接近兩萬元的利潤，當然會吸引很多不法商人鋌而走險。

對於那些平常接觸茅台酒較少的消費者來說，真假茅台酒的辨別並不是一件容易的事。

茅台集團旗下現有數十家子公司，其中茅台酒股份有限公司、茅台酒廠技術開發公司、茅台集團習酒公司、茅台集團保健酒有限公司等四家子公司生產白酒。都是茅台集團的子公司，產品不叫茅台酒還能叫什麼？所以這四家公司生產的白酒，都可以籠統地稱之為茅台酒。但這四家公司的每種白酒都有自己獨立的商標和品牌，只是在標註生產廠家時帶有「茅台集團」字樣而已。總經理李保芳到任後，對茅台旗下各公司的白酒品牌進行了大力整治，茅台的品牌管理步入規範化，茅台品牌的辨識度也因此得以提升。

茅台酒股份有限公司就是名動四海的飛天茅台（五星茅台）的生產企業，是茅台集團的臺柱子。各種紀念茅台酒、年份茅台酒也都由這家公司生產。茅台酒股份有限公司現在每年的產量在五萬噸左右，但能勾調成飛天茅台（五星茅台）的只有兩萬多噸。剩下的酒怎麼辦？最後還是要勾調成醬香型酒，而且品種很多，所以可以稱之為茅台系列醬香酒。系列酒現在主打前文已經介紹過的三茅、三醬等六個品種，品質都很不錯，CP 值高，是茅台酒，但不是消費者所指的普茅。

1992 年成立的茅台酒廠技術開發公司，生產白酒，也是醬香型，而且品種很多，比較有名的有富貴禧酒、茅台醇、富貴禧原漿、貴州大麯等幾種。該公司屬茅台集團下的子公司，還是茅台酒股份有限公司的參股公司，產品當然也可以叫茅台酒，自然也不是假茅台酒。

茅台集團習酒公司位於遵義市習水縣，與郎酒一河之隔。生產習酒（濃香型、醬香型）系列白酒，以及六合春、九長春等高檔白酒。習酒公司的產品只在標注生產廠家時有「茅台集團」字樣，外觀設計和包裝與茅台酒有明顯的差異，區別起來相當容易。

茅台集團保健酒有限公司的前身是茅台酒廠勞動服務公司，現為茅台集團全資子公司，該公司生產的白酒品種也很多，主要品種有茅台不老酒、白金酒等。

茅台和貴州茅台均是茅台酒廠的註冊商標，目前僅授權以下品種使用：茅台酒股份有限公司生產的「貴州茅台酒」系列（飛天、五星）、「茅台王子酒」系列、「茅台迎賓酒」系列，茅台酒廠保健酒業有限公司生產的「茅台不老酒」系列，茅台酒廠技術開發公司生產的「茅台醇」系列。其他任何使用茅台和貴州茅台商標或者打上「茅台集團某某酒」名號的產品，均為假冒偽劣茅台酒。

此外，茅台鎮大大小小上千家酒廠作坊，生產出來的酒大多以「茅台鎮酒」行走於市面。打打擦邊球，取個與茅台酒相似的名稱，或註冊一個混淆視聽的商標，也在常理之中。在茅台鎮釀造的酒，而且是採用當地傳統工藝生產的醬香型白酒，當然可以說自己是「茅台的酒」。這類酒均與茅台酒無關，但只要不構成對茅台酒的侵權，就不是假茅台酒。

茅台鎮除了茅台酒廠外，還有很多大規模的釀酒企業，國台、貴海、紅四渡、壇王窖酒等都是不錯的醬香酒，市場售價也不高，飲用可以，收藏的價值並不大。但是，茅台鎮確實有做假茅台酒的。對茅台鎮很多人來說，在同樣的地理環境中，以相似的工藝，僅從口感和香型上，釀造一款「准茅台酒」並不困難，普通消費者喝起來也很難分辨出真假。在茅台鎮製造假茅台酒確實比在其他地方要方便很多，所以，在高額利潤的誘惑下，制假造假時有發生。

最難鑒別的當屬完全仿製茅台酒的假酒。常用的鑒別方法不外乎三種：聞、看、嚐。

聞：醬香酒香型獨特，與其他白酒的香型有較大差異。茅台酒又是醬香酒的代表，其品質遠遠高於一般醬香酒。所以，經常喝酒的人透過聞香即可分出真假。不過這種辦法的準確性不高，很多假茅台酒的醬香氣味接近正宗茅台酒，一般的人區別起來比較困難。

看：茅台酒的包裝有很多防偽設計，透過包裝識別真假茅台酒是最常見的辦法。一看瓶蓋。正宗的貴州茅台酒都配有一個官方識別器，透過識別器觀看茅台的防偽標籤，會出現與肉眼所觀看到的不同效果，帽套表面圖文消失，並出現彩虹色的背景和黃色「國酒茅台」及「MOUTAI」文字，頂蓋帽套頂部也會呈亮銀色或金色。二看飄帶。飛天茅台正面皆有兩條紅色飄帶，飄帶與瓶身的前標貼紙垂直、挺括，確確實實地壓在標貼的「茅」字上。內飄帶上有阿拉伯數字，從零到幾十不一致，一箱酒中不太可能六瓶都是同一個數字。三看瓶底。查看酒瓶底部，會出現四種標識：小方塊、MB、CKK、HB。同一箱茅台酒瓶底標識一致，如標識各不相同，就是假茅台酒。四看細節。使用五倍以上放大鏡可以看到「飛天」商標圖案左邊的仙女頭上的三顆珍珠，沒有珍珠或珍珠模糊即為假貨。此外，還可以透過觀察防偽標識、噴碼、出廠序號等進行識別，至於包裝物印刷稍有模糊、貼紙不正或有皺褶的，都不可能是真酒。

嚐：詞學大家盧冀野在《柴室小品》中記載：抗戰時期，專為喝茅台酒來貴陽，喝了華茅老闆華問渠先生的一甕七八年的陳茅台酒，始知天下假茅台酒之多。茅台酒真正的好處，在醇，喝多了不會頭痛，不會口渴，打一個飽嗝，立即香溢室內。一般來說，只有會喝酒的才能嚐出真假，而不會喝酒的只能用上不上頭作出第一判斷。

在假冒偽劣茅台酒的挑戰面前，茅台酒廠一方面不斷提高茅台酒的防偽技術，一方面持續加強打擊仿冒品，對假冒偽劣毫不手軟。

茅台酒廠一直以來都在不斷地加強茅台酒的防偽技術，不惜工本在瓶身、瓶蓋、商標、外包裝等個多方面加注防偽標識。然而道高一尺魔高一丈，幾乎無所不能的制假造假技術，足以以假亂真，從而讓茅台酒的防偽手段形同虛設。河南某消費者將一瓶 2015 年生產的一升裝飛天茅台先後送往兩家茅台區域打假部門鑒定，結果兩家的鑒定意見完全相反，兩家機構的鑒定師經過溝通後，還是各自堅持自己的意見，最終只好發往茅台酒廠總部鑒定。

茅台酒廠正在借用互聯網技術加強茅台酒的防偽。在一次高端論壇中，騰訊總裁馬化騰就向茅台建議透過聯網、雲端區塊鏈等工具來打假：「過去的防偽是沒有聯網，是離線的，有很大的安全隱患。因為生產防偽標誌的工廠，也有可能會給人家生產，再拿出來賣。我覺得未來一定要聯網，什麼時候生產的，哪個貨車載出廠的，到哪幾個經銷商那裡等等，都可以追溯到。而且區塊鏈技術還可以令這個資料在伺服器端不可複製，比如在伺服器端，資料生成的區塊鏈是分散存儲，不可篡改的，這樣可以保證你的方案是完美的。」

從 2017 年起，茅台酒廠再度升級防偽技術，隱藏在瓶蓋上方的 RFID 晶片標籤，為每一瓶茅台酒匹配了唯一的身份標記，記錄了每一瓶茅台酒從生產、流通到消費的全部生命週期資訊。透過手機掃碼，即可獲得該瓶茅台酒在雲端伺服器上的唯一 IP，進行追蹤溯源，從而輕鬆查驗茅台酒的真偽。

茅台酒廠有一支近兩百人的防偽隊伍，即外界經常提起的「打假辦」，設在茅台集團知識保護處。但茅台作為企業並沒有執法功能，只能依靠當地工商、警察打假。而且，與全國各地的假冒偽劣茅台酒比起來，這支防偽隊伍的力量與違法者相差懸殊，面對五花八門的造假制假，更多的時候表現得力不從心。

幾年前，打假辦在大慶市一家大型超市發現了假茅台酒，於是聯合大慶市商務局酒類稽查大隊追查來源，最後找到假酒的供應商宗某。讓人吃驚並啼笑皆非的是，宗某一年前花了九百萬元從朋友那裡取得「茅台酒黑龍江地區的代理權」，由朋友負責供貨，宗某負責出貨。直到案發，宗某都不知道這個代理權是假的，酒也是假的。經茅台酒廠的專業人員鑒定，宗某庫房中尚未出貨的三百一十四箱茅台酒，均為小工廠灌製出來的仿冒品，但從包裝等外觀上看，足以亂真。

暢銷的市場和高額的利潤，吸引著不法商家鋌而走險制假售假。但因為茅台酒品牌強大的影響力和已經樹立起來的市場權威，假冒偽劣茅台酒無損正宗茅台酒的美譽，對茅台酒的市場信譽和市場銷售所造成的影響微乎其微。相反，假冒偽劣為茅台集團帶來了市場整治的契機，更加提升了茅台酒專賣店銷售系統的影響力。可以說，茅台酒品牌強大，到讓消費者產生出糊塗的愛。消費者完全相信，茅台酒廠絕對不會有假酒和劣質酒流出市場，即使不幸買到假茅台酒，消費者也從來不會質疑茅台酒的品質，更極少有人責怪茅台酒廠的打假能力。與若干假冒偽劣最終摧毀知名品牌的一些案例相比，茅台酒品牌力量的強大由此可見一斑。

茅台酒是茅台人的驕傲，茅台人應該有維護茅台酒品牌的自覺。茅台酒廠的數萬員工對茅台酒品牌愛護有加，呵護備至。茅台酒廠作為地處偏僻的知名企業，或許應該比其他企業更關注所在地的收益，與地方形成利益共用機制。舉世聞名的茅台酒不僅是茅台酒廠的財富，也是茅台鎮乃至仁懷市的財富。應當讓茅台鎮以及仁懷市的所有人和茅台酒廠的員工一樣，極力維護茅台酒品牌的聲譽，而不是借機造假牟利。唯有如此，才能形成最終的打假合力，讓假茅台酒消失於無形。

茅台竹枝詞（之二）——張國華

一座茅台舊有村，糟邱無數結為鄰。

使君休怨曲生醉，利鎖名韁更醉人。

第六章

下一個百年

30 孤獨的領跑者？

可以預見，茅台酒本輪的高增長還將持續一段時期。這在整體經濟處於低增長的現階段殊為不易。茅台酒未來營業收入每年增長一百億元、在 2020 年達到千億元水準的戰略目標，照目前的情勢來看，不但沒有實現的難度，而且極有可能比較輕鬆。這得益於高端白酒逐步向消費本質回歸的基本事實。高端白酒作為高端社交場合的潤滑劑，有其特有的剛性需求。隨著茅台酒公務消費的份額由原來的 30% 下降到不足 1%，茅台酒從主要依賴公務消費向主要滿足高端商務消費和個人需求的轉型已經完成。茅台酒也回歸其消費本質，更多地走向普通消費者的餐桌。而日益擴大的消費群體，正是茅台酒增長預期的基礎。

然而，茅台酒雖然尊為中國白酒行業的帶頭大哥、高端白酒中的高端，但並沒有一枝獨大，更沒有達到獨孤求敗的境界，高端白酒的競爭依然激烈。

普遍認為，所謂高端白酒應當同時具備幾個特點：一是有悠久的歷史，具備深厚的文化底蘊。這是一種白酒成為高端酒的前提。新的白酒品種無論如何炒作，都無法成為高端。二是高品質，這是高端酒的基本內涵。高品質必然帶來高價格，這是高端酒的外在表現。三是知名度高，市場口碑好。四是在細分市場占有一定的份額，過於大眾化成不了高端，太小眾也無法走向高端。五是受過市場的考驗，在歷次行業調整的大風大浪中面無懼色，風采如故。

經過 2013 年以來的重新洗牌，中國白酒行業出現明顯分化。按上述條件篩選下來，目前可以稱為高端白酒的至少有飛天茅台、水晶五糧液、國窖 1573 三種。也就是說，現在乃至未來較長時間內，最有可能成為茅台酒對手的，就是五糧液和國窖 1573。

除了目前強勁對手「茅五瀘」三家，陸續殺入高端白酒市場參與競爭的還有洋河大麯、水井坊、郎酒、汾酒、劍南春、沱牌捨得等。受益於 2000 年後的消費上升，有一部分人喝酒開始追求品位、品牌和健康，從而帶動這些準高端白酒市場份額一路走高，成為高淨值消費者的主流選擇。這些準高端白酒也有著悠久的歷史和高端的品質，如今又經過近二十年的市場累積，已經具備一定的爆發力。一旦出現某種機緣際遇，必定會形成對「茅五瀘」三巨頭的強烈衝擊。

2017 年五月在北京舉行的一帶一路國際合作高峰論壇，洋河大麯的夢之藍（M9）作為指定用酒，出現在圓桌峰會午宴的菜單上。這對「茅五瀘」絕對是一次帶有震撼性的警醒，對在若干重大歷史事件中，鋒頭十足的茅台酒更是不小的刺激。

同處赤水河畔、同樣釀造醬香酒的郎酒，基酒產能已達三萬噸，老酒儲存達十二萬噸，占地三百多畝的天寶峰陶壇酒庫擴建後，儲酒能力達二十五萬噸。郎酒近年來推出的「青花郎」已成為醬香酒的知名品牌，其 1,098 元／瓶的建議零售價，也直逼普茅的終端價格，進入高端酒範疇。「青花郎是中國兩大醬香白酒之一」的宣傳口號也顯現出郎酒的萬丈雄心。

高端白酒之間的競爭手法不外乎幾種：一是打文化牌，迎合高端群體「喝酒就是喝文化」的心理，歷史、年份、名人、酒窖、榮譽，不論它們是否有依據，紛紛登台亮相。二是走團購路線，利用經濟文化領域的重大事件推動行銷，贈酒、贊助、宴席、冠名，哪裡有市場就往哪裡去，線下團隊的公關能力和執行能力超級強大。三是以包裝取勝，試圖以精美高級的外觀設計彰顯自己的高端品位。但在這一點上所有的高端酒目前都未取得實質性的突破，外觀設計始終逃不脫喜慶、鮮豔、張揚的格調。四是拼價格，以高端的價格展現高端的品牌與形象。高端白酒消費群體不怕酒貴，就怕不貴，貴就是形象，就是高端，所以高端白酒在價格設計上，沒有最貴，只有更貴。但價格設計是技術，何時加價，何時降價，如何應對市場反應，諸多因素考驗著企業的預判能力，稍有不慎即有可能馬失前蹄。五是傳統打法，主流媒體上廣告，在大型晚會冠名，求曝光以增加知名度。

五種競爭手法都是向外用力，是燒錢的玩法。好在對於這些高端、準高端的白酒來說，錢不是問題，就算是問題也得燒，不燒很快就會被擠出高端酒陣營。燒到最後，通常在只剩三五個競爭者的時候，競爭進入白熱化，直至兩強對峙。在勢均力敵的情況下，兩家心照不宣地降低競爭程度，分享高端酒細分市場，利潤最大化。然而，暫時退出戰場的那些酒商，並沒有完全放棄。完全放棄有失名酒身份，不符合高端酒的體面。當高端酒細分市場容量足夠大時，暫時放棄的那些酒商就會捲土重來，以完全不同的面目掩殺過來，導致市場再次被切割，新一輪的洗牌開始。如此周而復始，未有窮期。

縱觀二十世紀九〇年代，中國進入市場經濟以來的白酒演義，先是汾酒雄霸天下，繼而五糧液獨領風騷，如今是茅台酒一覽眾山小。2016年高端白酒市場容量在六百億元左右，未來幾年可能釋放至一千億元。目前，茅台酒牢牢地掌控著，整個高端白酒市場大約一半的容量。茅台酒能否保持江湖霸主地位？如果不能，下一個武林盟主又是誰？現在看來，一切都還是未知數。

繼茅台酒廠提出「十三五」末期營業收入突破千億元的目標之後，五糧液也提出了同樣的千億級目標，已經或正在奮力躋身百億元俱樂部的酒商至少還有五家，四周群虎環伺龍頭老大的寶座。茅台酒廠集團並非無人能敵，並非孤獨的領跑者。對茅台酒廠集團來說，誰最有可能成為追趕者，或許不那麼重要。而沒有危機感就是最大的危機，不能發現自身的不足就是最大的不足。

茅台酒的優勢在於：生產能力比較穩定，生產工藝已經標準化；醬香型白酒標杆，無人可以超越；飛天茅台、五星茅台品質穩定，品質超群；文化發掘深入，故事動人；在海外市場一騎絕塵，遠遠超過其他白酒。茅台酒長期處於高端位置，過去相對依賴公務消費，經過此輪調整，高端位置如故，公務消費的依賴性消失，高端商務、中產階層成為主流消費群體，行銷轉型成功。快速發展的經濟、日益龐大的中產階層人口、消費水準的升級，都是茅台酒進一步發展的新機會。

也有一些不利因素制約著茅台酒未來的發展。就中國消費者的飲酒習慣而言，醬香型白酒是個小眾品種，很多人喝不慣醬香酒，而且產量受到地理環境的制約，無法像其他香型酒那樣做大規模。從產品結構上看，飛天茅台一枝獨大。茅台系列酒雖然品種繁多，層次分明，但在銷售收入上既不能與飛天茅台相比，與主要競爭對手五糧液、洋河也有較大差距。過分依賴單一品種，抗風險能力較弱，因而飛天茅台不容有失。茅台酒是高端酒，消費者以中產階級及以上群體為主。而這一群體近年來，熱衷於外來烈性酒、葡萄酒等洋玩意。雖然茅台酒廠關於中國白酒「四個沒有變」的判斷十分準確，但那是從大的發展趨勢上做出的判斷，局部市場的變化必然存在，烈性洋酒、葡萄酒最先搶占的無疑就是高端白酒的市場份額。此外，不斷攀高的終端零售價格對茅台酒來說未必是一件好事。過高的價格容易產生消費隔閡，部分消費者勢必望茅台而卻步。而且，價格管理部門對此也不會坐視不理，2016 年中國國家發展和改革委員會，就價格問題約談茅台酒廠就是明證。

基本判斷：茅台酒依然好賣，甚至將持續暢銷，但維持行業老大的地位還須付出更多的努力。

或許換一種做法，將會收到更上一層樓的奇效。

中國各大酒商在過去幾十年的市場競爭中，雖然不至於老死不相往來，但彼此間的交流的確不多。尤其名酒企業，自我封閉，各自為政。中國各大酒商赴國外名酒產區和企業參觀考察特別頻繁，但相互之間的來往卻少見報導。名企間互為競爭對手，在品牌商標、歷史榮譽、市場份額等方面的爭鬥，往往切中要害，同行是冤家，因而這種現象是可以理解的。

可以理解並不等於正常，即使正常也不一定正確。中國白酒成名已久，但近幾十年來一直跌宕沉浮，當中有否「行業籬笆」的因素，應該是個值得重新探討的問題。

正是出於這種認識，為引領中國白酒行業的健康發展，作為帶頭大哥的茅台酒廠，主動開啟了白酒行業相互交流的大門。

早在 2011 年博鼇亞洲論壇年會上，茅台高層就表達了對包容性增長的期許與追求，提出中國白酒企業在競爭最為激烈的時代，雄心勃勃的進取和慷慨的分享同樣重要。

2016 年，茅台酒廠高管團隊訪問了古井、宋河等白酒釀造企業，「希望透過交流，在業界形成和衷共濟的良好效應，進一步構建良好的互動關係，為推動行業持續健康發展做出貢獻。」在 2016 年半年行銷工作會上，李保芳一句「向洋河學習」更是在行業內引起了熱議。開啟行業交流，拆除行業籬笆，正在成為白酒行業的新風向。

2017 年二月，五糧液、瀘州老窖、郎酒、劍南春組團造訪茅台酒廠。五大著名酒商的高層們透過一次透徹的座談，展望川黔兩省白酒產業的發展方向，探討各大酒商之間合作的可能和路徑。在白酒行業深度調整的特殊時期，五大著名酒商的茅台會議，意味深長。

在中國的釀酒版圖中，川黔兩省充滿活力的白酒產業帶光彩奪目。川黔白酒產業帶擁有氣候、水源、土壤三位一體的天然生態環境，被認為是地球同緯度上，最適合釀造優質純正蒸餾酒的生態區。

在這個面積僅幾萬平方公里的區域內，有著中國最大的白酒產業集群。中國白酒中醬香、濃香兩大香型的眾多知名企業均處於這個產業帶之中，茅台、五糧液、瀘州老窖、劍南春、沱牌、水井坊、郎酒等著名白酒品牌，讓這片區域散發出迷人的酒香。參加此次茅台會議的五大酒商，全部來自川黔白酒產業帶。

身為白酒領軍企業的茅台酒廠，一直對攜手同行，共同提升中國白酒在全球的競爭力持積極態度。茅台酒廠總經理李保芳認為，在中國的白酒版圖上，川黔兩省歷史淵源悠久，在空間布局上屬於同一個事業發展地區，只要川黔兩省攜手聯合，足以改寫中國的白酒產業版圖。川黔白酒產業帶的各大酒商應該以一帶一路政策為契機，團結起來，讓中國白酒在世界上走得更遠更深。「茅台會議」對於愛學習的茅台酒廠自然是件好事。茅台酒廠可以從客人身上學習更多的經驗，例如五糧液的系列酒打造、瀘州老窖的行銷變革、郎酒的群狼戰術等。茅台酒廠也樂意和業內同行分享茅台經驗，在白酒行業的共同發展中有所擔當。

白酒行業自 2015 年回暖，五糧液一直貼身緊跟，復甦勢頭強勁的茅台酒廠。雖然曾經的行業老大霸氣猶在，但五糧液深知短期內不可能超越茅台酒廠，如果僅僅緊盯茅台酒廠，將茅台酒廠作為最大的競爭對手，反而容易造成市場副作用，或被虎視眈眈的洋酒所超越。所以，對於五糧液來講，與茅台酒廠結盟應該是個不錯的選擇。而此次茅台會議正好給了五糧液近距離觀摩茅台酒廠、瞭解茅台酒廠的經驗與戰略的一個大好機會。隨著價格體系的調整，五糧液實施制量保價的策略，正遭遇價格衰退和經銷商動力不足等困難，茅台酒穩定價格的諸多政策，或許正是五糧液解決困難的良藥。

郎酒雖然屬於四川企業，但與茅台酒廠一衣帶水，「君住江之頭，我住江之尾」，而且都做醬香型白酒。郎酒雖然「祖上也曾闊過」，如今也風生水起，但與茅台酒廠這個龐然大物比起來，只能算是一個小酒廠。在高端酒這一塊，郎酒與茅台不構成競爭關係，但與茅台酒廠的系列酒有較大重疊；而茅台酒廠做大醬香型白酒的倡議，郎酒又是最大的受益者。所以郎酒近年來借地理位置上的便利，與茅台眉目傳情已久，雙方就合夥做大醬香酒基本達成共識，此次參加茅台會議，意在鞏固成果。

當茅台、五糧液提出千億級目標時，瀘州老窖還在為重返百億元俱樂部而努力，目前瀘州老窖僅有國窖 1573 可以蠶食飛天茅台、水晶五糧液的市場份額，其主要競爭對手當然不可能是茅台酒和五糧液。這次參加茅台會議，瀘州老窖與劍南春的想法完全一致：虛心學習，尋求合作，蓄勢待發。

川黔白酒產業區名酒企業彙聚一起，共商合作與發展，在中國白酒發展史上尚屬首例。或許以此為發端，中國白酒企業將形成由相互競爭到產業合作的新潮流。無論出發點是為了自身有一個更美好的未來，還是為了白酒業更健康地發展，茅台酒廠此舉都為中國白酒行業打開了一個新的思路。

茅台村——鄭珍

遠遊臨郡裔，古聚綴坡陀。酒冠黔人國，鹽登赤虺河。
迎秋巴雨暗，對岸蜀山多。上水無舟到，羈愁兩日過。

31 新生代「茅粉」

互聯網時代，得粉絲者得天下，粉絲就是產值，粉絲就是效益。互聯網的便利，幾乎消除了產品和消費者的一切溝通障礙。消費者在與產品的互動中得到了消費尊重，增強了消費體驗，與產品的黏著度增強。而一個品牌的根基之所以牢固，就是因為建立了相對穩定的消費群體，這個穩定的消費群體就是粉絲。誰掌握了粉絲，誰就找到了致富的金礦，得到粉絲的追逐和關注，可以迅速置轉換成真金白銀。

把「粉絲經濟」演繹到登峰造極境界的就是蘋果公司。蘋果公司的教父級人物賈伯斯是互聯網時代「粉絲經濟」最成功的實踐者。賈伯斯之前，人們更多地關注科技公司及其產品，至於公司裡面那些看上去蠢傻呆萌的軟體工程師，在民眾中沒有絲毫的魅力。具有藝術表演潛質的賈伯斯以蘋果公司的科技實力為資本，以蘋果產品為道具，將自己演繹為魅力非凡的科技英雄，並帶領蘋果公司在科技巨頭林立的矽谷脫穎而出。神化的賈伯斯和蘋果公司短期內即在全世界擁有了眾多粉絲。「果粉」對蘋果產品的迷戀和推崇如同宗教信徒般虔誠，每當蘋果公司新品發布，幾乎全世界的果粉都在徹夜排隊，以先得為快。

中國的小米公司從一開始就走「粉絲經濟」路線。創始人雷軍以小米首席產品經理自居，以出眾的才華和伶俐的演講，刻意把自己包裝成中國賈伯斯。在短短的兩年時間內，「雷布斯」及其公司產品引來無數「米粉」。在瘋狂的米粉簇擁下，小米手機的銷售業績一路飆升，創造了中國手機品牌快速崛起的奇蹟。就連小米手機的若干缺陷，在技術級米粉的論證下都成了優勢，而更多的米粉就是「因為米粉，所以小米」。小米公司也公開宣布，小米的發展離不開米粉們的陪伴，小米的哲學始終都是米粉哲學。

有人斷言，「粉絲經濟」是互聯網時代新的商業模式，隨著互聯網的升級換代，以「粉絲經濟」謀求快速、持續發展的企業將會越來越多。茅台酒從來就不缺粉絲。在粉絲這個名詞還沒出來之前，茅台酒的粉絲一直存在。經過多年培育，認同茅台價值理念、宣揚茅台文化、具有消費引領能力的「茅粉」越來越多。正是大量茅粉的存在，才成就了不朽的茅台酒。

茅粉分若干層級：一是骨灰級的茅粉，非茅台酒不喝，一生只喝茅台酒。這個層級的茅粉群體規模不大，但忠誠度極高。二是技術級茅粉，喜愛茅台酒文化，熟悉茅台酒的歷史和工藝，追求茅台酒精神層面的價值，嗜茅台酒如命，往往為一瓶自己心愛的茅台酒而不惜千金。這個層級的茅粉群體規模也不大，但品味出眾，忠誠度高。收藏茅台酒的藏家基本都屬於技術級茅粉。三是博愛級茅粉，愛喝酒，也懂酒，追求酒的口感和香味，對醬香型的茅台酒情有獨鍾，尋找一切機會追捧茅台酒。這個層級的茅粉群體規模較大，但忠誠度不高，同時也可能是其他白酒的粉絲。四是盲從級茅粉，出於對茅台酒聲名的迷戀，盲目性地崇拜茅台酒。茅台酒參與中國當代若干重大歷史事件的不凡經歷、深受多位重量級偉人喜愛的傳說，使之在中國民間擁有廣泛的支持者。隨著生活水準的日益富足，消費需求的不斷升級，茅台酒也時常出現在這批茅粉的餐桌。這一層級的茅粉人口眾多，資本雄厚，但欠缺忠誠度，個體消費量不高，對茅台酒的追捧更多存在於心理層面。

擺在茅台酒廠面前的問題是：如何依託互聯網，創建專業的粉絲活動平臺，充分發揮擁有大量粉絲的優勢，實現精準行銷？如何做好茅粉俱樂部建設，穩定老茅粉，發展新茅粉，使茅粉有機會參與到茅台酒的價值創造中，從「喝茅台酒」變成「只喝茅台酒」的忠心鐵粉？

為進一步增強茅粉的消費體驗感、參與感和互動感，引導更多消費者升級為茅粉，從 2013 年開始，茅台酒廠就在北京、上海等地舉辦「粉絲團線下活動」，邀請茅粉到茅台酒廠直營店參觀，品鑒美酒，並由專業的品酒師向他們現場講解品酒知識。透過互動交流，迅速拉近了茅粉與茅台酒的距離。活動參與者大部分為「七〇後」、「八〇後」的粉絲，這說明茅台酒廠更加重視消費者的體驗感，現在即著手培養他們對白酒、對茅台酒的消費習慣。

2015 年，為慶祝茅台酒榮獲巴拿馬萬國博覽會金獎一百周年，茅台酒廠舉辦「百城百萬茅粉共慶茅台金獎百年」系列慶祝活動。活動歷時三個多月，邀請全國各地的社會知名人士和網路紅人在長達一百米的長卷上簽名，然後進行百城傳遞。百米卷軸每到一處，都引起不小的轟動。茅粉透過簽名、拍照、掃條碼、喊口號等方式，表達對茅台金獎百年的真摯祝福。

簽名的百萬粉絲年齡跨度很大，有二十出頭的年輕人，也有七十多歲身體硬朗的老人，粉絲中還不少來自瑞士、日本、韓國、美國等不同國家的國際友人。

2017 年九月三十日，第一屆全球「茅粉節」在茅台鎮舉行，全球茅粉在赤水河畔實現了大團圓。不同國家、不同地區、不同行業、不同年齡的上千名茅粉由於共同的喜好、共同的價值取向和共同的文化追求而齊聚茅台、共飲美酒，在金秋送爽的時節體會赤水河的神秘，感受茅台酒的神香，感知中國國酒文化的神韻。茅粉中，有當年與周恩來總理共飲茅台，縱論天下的日本前首相田中角榮的長子田中京，有多個國家的大使、外交官，也有收藏 1971 年到 2017 年茅台酒的廣東省交通集團高級工程師文躍順。多名茅台高官親臨節慶，現場與茅粉們一同品嚐茅台、暢遊國酒文化城、參與公益拍賣，共度激情四射的茅粉之夜。

茅台酒廠與茅粉的深度互動，迅速拉近了消費者與茅台酒廠之間的距離，樹立了企業口碑與良好形象，大大增強了消費者對品牌的認知度，既向大眾消費群體發出親密信號，又穩固了自己的忠實購買者群體，同時還培養了部分新粉絲，對茅台酒的認同感與忠誠度，為日後市場的開拓打下了堅實的基礎，可謂一舉多得。

現在的茅粉群體，年輕人占比不高。二十世紀七〇年代以前出生的人，受那個時代生活水平的影響，沒有太多選擇，大多數喝酒的人都主要喝白酒，葡萄酒、洋酒甚至啤酒都喝得很少，其他飲料類也喝得很少。長久下來，就自然而然地形成了喝白酒的習慣，因此可以視之為白酒的忠實消費群體。而二十世紀八〇年代以後出生的年輕人，酒水飲料的選擇較多，對於口感刺激過於強烈的白酒尤其是高度白酒興趣不大，更容易接受啤酒、紅酒的口感，偶爾喝白酒也屬於被動消費，在沒有外界推動力的情況下，一般不會主動選擇喝白酒，因而大多數未能養成飲用白酒的習慣。

中國白酒除了品質定義外，最突出的還是文化定義，所謂喝酒喝的是文化，說的就是這一點。各種白酒大打文化牌，拼命挖掘白酒中所蘊含的文化價值，一是為了避免產品同質化，二是為了提高產品附加價值，三是為了增加對產品的忠誠度，但在年輕人看來，諸如此類的白酒文化古板、守舊、過時，因而對他們的吸引力並不大。對於年輕人來說，葡萄酒傳遞的優雅與浪漫，威士忌傳遞的尊貴與顯赫，白蘭地傳遞的激情與時尚、伏特加傳遞的威武與暴力，是他們更樂於追求的感覺。其實，不僅僅是年輕人，更多的中產階層也都為這些來自西方的洋酒所吸引，對洋酒品牌的歷史津津樂道。傳統白酒的文化定位不能吸引年輕消費者是普遍現象，茅台酒也不例外。

年輕人對高度白酒興趣不大，一般都選擇 40 度上下的低度白酒。隨著生活節奏的加快，喝快酒、社交酒的情況越來越多，消費者更傾向於選擇中低度的酒類產品。中國白酒大多以酯香為主體，酯香白酒在 40 度以下口感不夠豐滿，飲用體驗不好，最後也容易被年輕人放棄。

近年來，隨著健康養生意識的增強，白酒健康化趨勢比較明顯，消費者從重視酒香轉向關注口感、功能。繼茅台酒廠率先提出「喝出健康來」，其他白酒也在挖掘產品中的健康和養生因數。然而，這只考慮了部分消費者的健康需求。「喝酒喝健康」大多是年齡較大的消費者的需求，絕對不是年輕人首要的選擇因素。

各種因素的疊加，導致白酒消費者中年輕人的比例較低，白酒粉絲中較少年輕人。像茅台酒這樣的高端定位，需要具備一定的經濟能力才能消費，成為高層級茅粉更是需要一定的社會地位，因而經濟收入相對較低的年輕人成為茅粉的可能性不大。

讓越來越多的年輕人成為茅粉，的確是一個事關茅台酒廠持續發展的問題。但關於如何引導年輕群體的酒類消費傾向，又存在著諸多不同的意見。

很多人對白酒的未來並不樂觀，其理由就是來自年輕人的消費傾向。在選擇越來越多的情況下，連中餐都已經不再是年輕人用餐的唯一選擇，何況中國白酒。也有人樂觀地認為，雖然年輕人目前還不是飛天茅台之類高端白酒的主要消費群體，但隨著他們年齡的增長，在對中國白酒文化有著更深層次的理解之後，就會認同中國白酒，成為白酒的消費主力軍。

荷盧比調酒師協會主席阿蘭・韋弗則認為，面對新一代消費者對洋酒的追捧，雞尾酒或許就是最好的答案。全球聞名的烈酒無論是威士忌、朗姆酒，還是金酒、伏特加，多多少少都受惠於雞尾酒，其中透過雞尾酒聞名於世的至少有五分之一。在中國白酒倍受衝擊的今天，如何讓白酒聞名世界，這應該是新思路。而對於成名已久的茅台酒，這種思路也為其在國際市場上的下一步指明了新的方向。

看來，改變是中國白酒吸引年輕消費者的出路所在，同時也是茅台酒廠凝聚更多茅粉的不二法門。茅台酒廠正在力推以白酒為底酒的雞尾酒，就是為吸收年輕茅粉做出的一種嘗試。

中國白酒的特色在於酒中的文化，不管如何改變，這一點不能輕易放棄。放棄文化因素，那就不是中國白酒。茅台酒也是一樣，雖然歷史底蘊較其他品牌更為深厚，但仍需加大酒文化的開發和培育力度，針對年輕受眾，營造文化茅台酒的新形象，取得他們對茅台酒的情感認同，再經過引導使他們形成對茅台酒的忠誠。同時充分利用茅台品牌號召力，引導和支持開展茅粉系列活動，構建茅粉交流平臺，打造茅粉精神家園，把越來越多的白酒消費者培養為忠實於茅台酒的茅粉。

茅台竹枝詞（之三）——張國華

黔川接壤水流通，俗與瀘州上下同。

滿眼鹽船爭泊岸，迎欄收點夕陽中。

32 多元化之痛

茅台酒廠的優勢在做酒，做醬香型白酒天下無雙。因而，做好酒業大文章，一直以來都是茅台酒廠的戰略主線。與此同時，在立足主業的基礎上，走出酒的天地，布局多元化，謀求在酒業之外取得突破，則是茅台酒廠基於未來發展訴求的戰略選擇。

茅台酒廠於 1999 年開始集團化運營。在「做大茅台集團，做強茅台股份」的指導思想下，近二十年來，茅台集團在其他產業領域的投資一直都沒有停止過。截至 2016 年，茅台集團旗下的全資和控股子公司近三十家，參股公司二十一家，涉及白酒、葡萄酒、證券、銀行、保險、物業、科研、旅遊、房地產開發等多個產業領域。

按照業務性質，大體上可以把茅台集團的多元化產業劃分為幾大領域：一是酒業領域，專門做酒，為茅台酒廠主業，集團投資的大頭。除當家的茅台酒股份公司外，還有習酒公司、保健酒公司、技術開發公司和葡萄酒公司。生態公司和迴圈經濟公司也做酒，但並非主業，不應列入該領域。二是一體化領域，圍繞酒業板塊的投資，也就是做酒業上下游和延伸業務，包括生態農業、包裝材料、物流等。三是金融板塊，證券、銀行、保險、財務之類，大多為參股，本意為探索產融結合新道路，實則從高回報的金融領域分得一杯羹。四是其他多元化領域，如分布各地的多家酒店、文化旅遊公司、物業房地產公司等。

茅台集團的多元化布局有三個導向：第一是利益導向，通俗地說，就是要賺錢，要為集團創造利潤；第二是保障導向，大都為功能型、服務型的投資，如酒店，為企業提供後勤保障，賺不賺錢無所謂，搞好服務保障就行。第三是發展導向，著眼於未來，目前還處於起步培養階段，允許不賺錢甚至虧本，等著以後賺大錢。

總體上看，茅台集團的多元化投資格局已初步形成，部分領域經營的有聲有色，頗見成效。酒業大文章自不必說，做得很好，興旺發達：以茅台酒股份公司為典型，只要是做酒的公司，習酒公司、保健酒公司、技術開發公司都賺錢，葡萄酒公司這兩年也開始賺錢。每年僅白酒就要賣六七萬噸，而且利潤很高，近幾年，白酒行業近三分之一的利潤被茅台集團收入囊中。金融領域也有著良好的發展趨勢，投資覆蓋金融行業多個業務領域，部分投資已取得回報。一體化業務板塊得益於主業的良好業績，收成也很不錯。集團化運作整體上把控較好，各子公司運行規範，法人治理結構健全。整個集團 2015 年以 419 億元的銷售收入實現利潤 227 億元，2016 年以 502 億元的營業收入實現利潤251億元。兩年的利潤率均超過50%。

如果以上述業績來衡量，茅台集團的多元化戰略相當成功。但深入分析，還存在一些值得探討的問題。

作為中國白酒的第一品牌、大麯醬香型白酒的鼻祖，茅台酒的品牌優勢突出，在高端酒市場占有極高的份額，而且價格高、利潤率高。茅台集團有了舉世聞名的茅台酒，就足以取得相當優秀的業績，至於多元化的各個領域經營業績如何，就顯得不那麼重要了。

下列一組資料說明，事實上就是這樣：

2013年，茅台集團實現利潤161億元，股份公司貢獻其中的160億元，占比99%；2014年，茅台集團實現利潤166億元，股份公司貢獻其中的163億元，占比98%；2015年，茅台集團實現利潤227億元，股份公司貢獻其中的221億元，占比97%；2016年，茅台集團實現利潤251億元，股份公司貢獻其中的238億元，占比95%。

不難看出，茅台酒股份公司仍是茅台集團的賺錢機器，與之相比，多元化戰略的其他領域簡直舉足輕重。對於茅台集團來說，如果僅從營業收入或利潤衡量，所謂多元化其實可有可無。換一種說法，茅台集團的諸多投資中，除了茅台酒股份公司外，其他的多元化投資項目並不是十分成功。這就是茅台集團的多元化之痛。

導致茅台集團多元化之痛的原因是多方面的。

第一，多元化戰略的規劃和實施存在「兩張皮」現象。雖然有比較完整的戰略規劃，但僅停留於紙面，整體戰略意識比較薄弱，戰略實施的嚴格性不夠，隨機性、隨意性比較大。有規劃的沒有很好地實施，落地性不強；實施的往往沒有規劃，隨意決策的情況比較多。以一體化戰略為例。縱向一體化嚴重影響了供應鏈企業之間的良性競爭，橫向一體化則造成了同質競爭，客觀上都在保護落後的子公司。子公司功能重複，同質競爭嚴重。子公司設立時，職能定位本來都十分清晰，但在運營到一定時候就出現業務交叉、職能重疊現象。比如技術開發公司，本業是技術開發和服務，保健酒公司應當專業在保健酒上下功夫，但做著做著就都生產白酒，而且都生產醬香型白酒，造成了同質化競爭。原因大致有兩點：一是茅台集團地處偏僻，除釀酒外其他資源缺乏，加之思維禁錮，除了釀酒外，對其他方面的生產經營比較陌生，於是做來做去還是做酒。二是企業的銷售、利潤必須年年增長，而做那些不熟悉的業務，任務就很難完成，做老本行釀酒賣酒，完成任務相對輕鬆。

第二，多元化投資缺乏科學論證和風險評估，尚未形成有效的投資管理機制。從實施結果來看，部分多元化投資專案缺乏真正的科學論證，可行性論證存在嚴重的走過場現象。現在看來，還有很多專案需要調整規則或再行評估。總體來說，整體投資效果不理想，有些是決策問題，但大多數是投資管理問題。追求大而全的投資，缺乏設計和管理。到目前為止，仍然沒有成立統一管理多元化投資的部門，專案綜合評估的職能履行沒有常態化，誰決策、誰評估、誰監管，都不明確，一切都是臨時性的。目前的投資公司職能不清晰，既當運動員又當裁判員，既做投資，也做監管，結果當然什麼也做不好，尤其是監管做不好。投資風險管控機制薄弱，風險評估、預警、控制機制均未形成，投資出現風險的可能性較大。部分新投資專案或企業有失控的傾向，極有可能在未來，出現財務上的黑洞或要求巨額的補充投資。

第三，投資分散，沒有重點，沒有主攻方向。投資決策過程中沒有充分考慮茅台集團的資源優勢和配置，運營中又沒有充分利用茅台集團的軟實力，當酒業之外的其他投資回報較差時，出於經營業績的壓力，各子公司就紛紛回過頭做酒。

第四，多元化人才缺乏。茅台集團人多，但酒業之外的人才不多。由於地處偏僻，長期以來，人才的選擇和使用過於本土化，人才成長速度較慢，人才選拔範圍較窄，形成「人才籬笆」，外界人才難以進入，本地人才也難以輸出。作為貴州省國資委系統的支柱企業，茅台集團沒有起到為國資委系統輸送經營管理人才的作用，但貢獻利潤又占比高達88%，人才占比與此嚴重不相匹配，多年來向外輸出的人才數量極為有限。

人才的引進、培養、使用和輸出成為茅台集團做大做強的制約因素。茅台集團的投資涉及到很多新興領域，但嚴重缺乏人才建設規劃，職業經理人和經營隊伍的物色、選拔、訓練方面的工作十分欠缺，新興投資領域的專業人才嚴重匱乏。酒業之外的專業稀缺人才在引進、管理和使用上是依然採用傳統模式，未能突破「地域」、「級別」、「姓茅」、「姓貴」等觀念。在有些投資領域如金融、迴圈經濟等領域存在明顯的人才不足缺陷。

得益於茅台集團品牌的強大，茅台集團的多元化投資本應優勢明顯，但投資管理不到位、專業人才缺乏等因素使這些優勢難以展現。俗話說，隔行如隔山，在某一行業中風光無限，到另一個行業中可能一籌莫展。茅台集團在釀酒行業技藝超群，進入到其他行業卻未必得心應手。用做酒的辦法做其他行業，做多元化投資，就其目前結果來看，並沒有達到預期的目的。

張桓侯廟訪舊不值，遂看菊于孫臏祠

（節選）——莫友之

吳宮衛灶已成塵，爭似黃花歲歲新。
老兵失卻老兵在，可惜昨日茅台春。
茅台昨日不須惜，急管繁弦動秋碧。
隔岸方祠涿鹿候，當軒又賽阿鄄客。

33 下一個百年

著名未來學家阿爾文．托夫勒曾說：多數人在想到未來時，總覺得他們所熟知的世界將永遠延續下去，他們難以想像自己會去過一種完全不同於以往的生活，更別說接受另一個嶄新的文明。實際上，他們隨時都有可能成為舊文明的最後一代或者新文明的第一代。

相對於托夫勒的委婉和高屋建瓴，蘋果公司掌舵人庫克則說得更為直接：這個世界裡 99%的產品都需要再設計。

其實，托夫勒和庫克說的是同一個問題。托夫勒告訴人們，萬物無常，變化隨時會光臨我們所熟知的世界。庫克則更進一步指出，唯有變化才有生機，才有活力。他們的真知灼見正在激勵和推動難以數計的人們去開創嶄新的明天，去追尋更好的未來。

企業家們總是在談論基業長青，歷史學家們總是將世界上那些歷經風霜，仍興盛如故的企業樹為標杆，管理學家們則總是沉醉於百年老店的經營之道，坊間百姓也總是對那些貌似經久不衰的老字型大小津津樂道。然而，世事如棋，大浪淘沙，科技革新風馳電掣，商業世界神鬼莫測，真正的百年老店其實沒有幾家，像茅台這樣的歷經滄桑而越發強大的百年老店只是異數，大多老字型大小其實都已萎縮到只剩下一塊招牌。

十九世紀三〇年代誕生的電報，開啟了電子通訊時代的新紀元，曾經以閃電式的傳播速度，迅速在全世界形成巨大的通訊網路，被廣泛應用於經濟、政治、軍事等諸多領域，在民用通訊中也獨領風騷多年。雖然電報本身不是大眾傳媒，卻為大眾傳媒提供了快速有效的通訊手段，催生了作為現代重要傳播媒介的通訊社。然而，當更為便捷的移動通訊技術產生後，曾經在通訊領域風光無限的電報業很快就失去了昔日的光彩，如秋風落葉一般迅速衰敗。隨著互聯網的誕生和資料化時代的到來，電報業被徹底終結，在風光了一百多年後，於二十世紀初在世界各地陸續終止業務，走進了博物館。

在終結電報業過程中建立頭功的移動通訊，曾經有兩大著名的終端設備生產商：諾基亞和摩托羅拉。諾基亞自1996年起連續十四年占據全球市場份額第一。在當時，無論諾基亞自己還是社會各界，幾乎沒有人會想到諾基亞會栽在自己最擅長、最專業的手機製造上。另一個手機生產商摩托羅拉作為全球晶片製造、電子通訊的領導者，在移動通訊剛剛興起的那段時間，是唯一能夠與諾基亞等量齊觀的公司。然而，從2011年開始，以蘋果手機為代表的智能手機在極短的時間內將諾基亞和摩托羅拉擊垮。如今諾基亞仍然在生產手機，但其市場份額連中國一個最普通的手機生產商都不如，而且基本集中於老年機市場。摩托羅拉則在失去了手機市場的領先地位之後，被迫於2011年將其手機業務出售給谷歌，三年後又被谷歌賣給了中國的聯想。

被數位化時代拋棄的還有鼎鼎大名的柯達膠捲。成立於1880年的柯達公司，一百三十年的歷史中拿下一萬多項專利，早在1900年產品就暢銷世界各地，在膠捲時代曾占據全球膠捲市場三分之二的份額，1997年市值最高時達310億美元，是感光界當之無愧的霸主。在巔峰時期，柯達的全球員工達到145萬人，全球各地的工程師、博士和科學家都以為柯達工作為榮。1975年，柯達實驗室就研發出世界上第一臺數位相機，但因擔心膠捲銷量受到影響，在發展數位業務上一直裹足不前，直到2003年才最終選擇從傳統影像業務向數位業務轉型。然而，此時柯達大勢已去，其姍姍來遲的數位業務已經被競爭對手遠遠地甩在身後，傳統的膠捲業務急速萎縮，營收連年下滑，虧損嚴重，市值蒸發 90%，最終被迫宣布退市，被多家評級機構列入負面觀察名單。在一連串的拯救動作未能奏效之後，柯達最終重組為一家小型數位影像公司並淡出大家的視野。

如果說電報業的沒落直至最後的消失，說明「風光」是靠不住的，那麼諾基亞、摩托羅拉、柯達的沉淪則說明「品牌」也是靠不住的。實際上，它們都是敗在了時代的巨輪之下。在這個日新月異的時代，所有的「風光」都有可能是「最後的瘋狂」，所有的品牌都有可能在某個瞬間走進博物館。從發展趨勢來看，一切都將發生變化，所有的產品都需要再設計，否則，就只能重複被歷史巨輪碾碎的悲慘命運。

或許有人會說，上述案例對茅台並沒有太多的借鑒意義。其理由是：茅台是以傳統工藝為生產特點的製造業，堅守傳統的製造工藝才是永恆的真理。時代的進步、互聯網、大數據，對茅台的影響當然存在，但根本不可能入侵傳統的製造環節，對茅台酒生產工藝的影響微乎其微。

然而，事實未必如此。

茅台酒廠未來的競爭對手可能不是五糧液、瀘州老窖、洋河這些中國白酒企業，也未必是洋酒、啤酒、葡萄酒的生產商，而可能是農夫山泉的生產商、娃哈哈生產商，或者是距離酒水飲料行業更遠的騰訊、阿裡巴巴，又或者是目前還默默無聞的某個新興產業。

中國移動、中國聯通和中國電信在中國通信行業三分天下，是名副其實的三巨頭。從來不會有人認為，其他的通信公司能從它們手中搶奪哪怕一分一毫的業務。故而，三巨頭只是互視為競爭對手，彼此間殺得不可開交，從未考慮來自行業外的威脅。然而，一個叫做「微信」的東西突然竄起，硬生生地從三巨頭手中切走一塊蛋糕，徹底改變了中國通訊行業的生態。從 2011 年年初推出，微信用戶突破一億只用了一年多時間。如今，微信在全球擁有九億活躍用戶，公眾號超過一千萬個。微信只是一個網路社交平臺，但它提供的語音聊天、短信發送以及文檔圖片傳遞等功能讓三巨頭自嘆弗如，而且軟體本身完全免費。靈活、方便、智慧，加上節省資費，微信用極短的時間即大範圍、深入地侵入三巨頭的地盤。目前，三巨頭作為微信的運營商，尚可從微信應用中獲得資料流程量收入，但與主業不斷受到侵蝕相比，這點收入形同暫時解渴的毒藥。或許在不久的將來，類似微信這樣的移動互聯網工具就會全面取代傳統的通訊工具，正如當年移動通訊取代電報一樣。

另一個被跨界而來的新生事物打了個措手不及的行業是銀行業。中國銀行業的「一畝三分地」曾經是外界最難侵入的地盤，即使境外同行，要想從中國銀行業的傳統業務中分得一杯羹也難上加難。因而在很長的一段時期內，銀行業的競爭生態相對封閉，主要表現為不同銀行之間的同業競爭。然而，支付寶的誕生打破了這種平衡已久的業態。支付寶提供簡單、安全的快速支付解決方案，很快就使「網點為王」的銀行相形見絀。以支付寶為信用背景的淘寶和天貓，在某些刻意製造出來的節日（如十一月十一日 光棍節），居然能為支付寶帶來數百億元，甚至上千億元的可觀收入，讓各大銀行垂涎不已，讓各大超市商場目瞪口呆。可以肯定，支付寶等網路支付平臺的威力目前並沒有充分發揮出來，一旦充分發揮，在失去競爭保護的情況下，銀行業的生態將會徹底被改變。

這就是互聯網時代帶來的跨界競爭趨勢。它的基本邏輯是，互聯網的高速發展，使行業間的門檻和壁壘慢慢消失，依託互聯網平臺，資料的掌握者可以繞過中間環節，直接面向終端消費者，而且跨界而來的競爭對手，往往不按牌理出牌，因而能在短時間內聚集大量的客戶。它的威力在於，行業內競爭導致的結果往往是蛋糕的重新分割，市場份額間的此消彼長，而跨界的競爭將產生顛覆性、毀滅性的後果。互聯網不再是一種工具，而是一種思維模式，一種顛覆傳統認知的思維模式。

白酒行業的跨界競爭者在哪裡？那些目前還未顯露才能的跨界顛覆者，究竟將以什麼樣的形式進軍酒類行業？它們對茅台酒廠這樣的名酒企業，將會帶來什麼樣的影響？目前這一切都不可預知，但遊戲已經開始，跨界而來的競爭威脅一定存在。比如快速崛起的酒仙網、酒快到、1919，一開始就是衝著顛覆酒業傳統的銷售模式而來，一旦整個社會的誠信體系得以重建，這些依托互聯網服務消費者的模式和思維必將大行其道，類似茅台酒廠目前採用的經銷商模式就有瞬間崩潰的可能。對於正在開創下一個百年的茅台酒廠，這是一個必須面對、必須思考的問題。

下一個百年對茅台酒廠構成的另一個重大考驗，當屬智慧製造。

當今，智慧製造的浪潮席捲全球，繼德國推出「工業 4.0 戰略」後，法國推出了「新工業計畫」，英國制定了「製造 2050 戰略」，日本發布了「製造業競爭策略」，各製造業大國都力爭在全球產業鏈競爭上取得新優勢。作為製造業大國之一的中國，也推出了「中國製造 2025」，試圖借智慧製造改變世界工廠的面貌，一舉跨入先進製造業國家的行列。

茅台酒廠是以傳統工藝為特點的製造企業，在智慧製造這波浪潮面前，應該如何應對？對此，茅台高層在第六屆中國白酒領袖峰會上提出了三點：一要保持定力，堅守工藝，精雕細琢；二要增強耐力，以質求存，精益求精；三是提升實力，繼承創新，追求極致。對照上述帶有戰略高度的思考，茅台酒廠在智慧製造問題上至少會面臨以下三個方面的考驗：

一是以傳統工藝為生產特點的茅台酒廠，能否全面走向智慧製造？對傳統工藝的堅守並不意味對現代技術的排斥。許多以傳統工藝為特點的製造業企業，在現代生產技術面前都已經改弦更張，而且成效突出。即使在酒類釀造企業內，葡萄酒、啤酒釀造已經完全實現了機械化、自動化，中國著名的保健酒企業勁酒也正在開啟以自動化機械生產代替傳統手工勞動的革命性改進，試圖徹底改變釀酒業靠天吃飯、勞動強度大、生產效率低、產品品質難以穩定的現狀。之所以在茅台酒釀造的諸多環節，仍然採用傳統的手段如人工踩曲等，是因為當前的生產技術，尚且不能達到完全模擬傳統手段的水準。假如有一天，科學技術進步到，完全可能取代人工生產，而工藝水準絲毫不受影響的程度，茅台酒廠是否還應該堅守傳統的釀酒工藝？

二是如何實現勞動密集型企業的轉型？傳統製造業大多為勞動密集型，茅台酒廠也不例外。在包裝技術已經高度自動化的今天，茅台酒廠的包裝車間仍然保持一千多人的勞動力規模。在制曲、制酒、勾調等生產車間，勞動力規模也同樣龐大。智慧製造的前景之一就是大規模地減少勞動力，提高生產效率。智慧製造所帶來的社會效應之一，就是使大量原本在傳統製造生產線上勞動的工人被替換下來。茅台酒廠地處偏僻，當地經濟並不發達，服務業尚處於初級發展階段，因而除釀酒外，其他就業途徑狹窄。在通往智能製造的路途中，茅台酒廠將面臨如何消化剩餘勞動力的考驗。

三是如何實現真正的個性化定制？隨著社會的進步，生活水準的提高，人們的消費需求也將發生質的變化，越來越多的人追求良好的消費體驗，「私人訂制」將成為未來的消費潮流。一個鮮活的案例就是紅領西服（現更名「酷特」）。成衣製作原本也是傳統工藝，因為涉及量體裁衣，似乎無法實現機械化生產。但現代技術解決了這一問題，成衣生產的自動化、標準化早已實現，中國民間在二十世紀八〇年代還很流行的縫紉店早已不見蹤影。如今，隨著資料時代的到來，以紅領西服為代表的成衣製造企業，再次回歸到「量體裁衣」的原點，批量化為消費者量身定制成衣。茅台酒廠目前也開展了個性化定制茅台酒的業務，但處於極為初級的階段，還不能算是真正的個性化定制。如何利用現代資訊技術，全方位滿足消費者的個性化需求，實現精準的批量化定制，是茅台酒廠面臨的又一個考驗。

一百多年前，當茅台的先輩們在燒坊裡揮汗如雨地餾酒時，是否想到，茅台酒經過幾代人的精細釀造後變得貴如珍寶，一瓶難求？八十年前，當「三茅」將他們醇香爽口的佳釀寄放在上海、重慶、香港等地的商行售賣時，是否想到，有一天茅台酒的經銷商和專賣店能發展到兩千多家，而且遍布全球五大洲？六十多年前，當三十九名釀酒師傅和工人，在一片廢墟上艱難地開啟茅台酒廠的大門時，是否想到，茅台酒廠終將發展成為擁有數萬員工、名滿天下的國際化集團企業？

如今，站在又一個歷史起點上的茅台酒廠，對百年之後的茅台酒廠有著什麼樣的想像？面臨著諸多現代化元素的挑戰，茅台對開創下一個百年又有著怎樣的設想？

人們期待著茅台酒廠的新百年答案！

仁懷雜詩（之二）——楊樹

僻地忘岑寂，閑窗試展眉。簾疏風入座，樹少雀爭枝。
舊史從人得，家書到我遲。扣門聞索字，寫寫醉中詩。

特稿

01 美麗與哀愁

何宇軒（全球大財經 AI 式獨立研究人何宇軒）

一、感受：茅式榮耀與茅式煩惱

世界上有一種奇怪的煩惱，叫做「好得不能再好」。

君不見，當同行們紛紛為自己的產品提價、擴大銷路而絞盡腦汁，這家企業卻將控價上升至公司戰略高度；當同行們為自己的股價止跌歡呼雀躍，這家公司卻為股價一度衝破五百元的天價而如坐針氈，這家煩惱的企業就是中國第一股——貴州茅台。

2001 年八月二十七日，貴州茅台（600519.SH）在上海證券交易所上市，開啟了其在中國資本市場的「怪獸」之旅。在這之後的十六年半中，儘管中國白酒市場風雲變幻，資本市場跌宕起伏，但茅台卻一直笑傲江湖：其產品被狂熱的人們視為「液體黃金」、「硬通貨」，在市場上就算開到 1,800 元／瓶也一瓶難求；其股票每股逼近七百元（2018 年三月三十日收盤價 683.62 元），市值逾八千億元（2018 年三月三十日市值 8,587.62 億元），占貴州全省 2017 年 GDP 總額（13,540.83 億元）的 63.42%；其帳面資金高達 878.69 億元（2017 年十二月三十一日），意味著在其 1346.10 億元的龐大總資產體量中，超過六成（65.28%）為真金白銀，即使 2017 年度擬分紅 138.17 億元之後，賬上依然剩下很多錢。一個個大眾皆知的美譽，一組組亮麗的數字，無不凸顯著茅台的榮耀。這些數字對於中國成千上萬家企業來說，無疑是夢寐以求卻可望不可及的，然而在茅台身上，卻構成了實實在在的煩惱。

茅台這種好得不能再好的煩惱，顯然不是企業的共通性，因此筆者只能將其稱為「茅式煩惱」。

魔鬼就藏在數位細節裡，筆者嘗試透過貴州茅台與世界第一股的對標分析，幫助我們理解「茅式煩惱」的根源以及茅台實現飛天之夢的路徑。

二、對標：中國第一股與世界第一股

放眼中國，論經營業績之亮麗，股價之高、分紅之慷慨，茅台堪稱中國資本市場的全能王，名副其實的第一股，沒有之一。但放眼全球，對標世界第一股，茅台卻可能才剛剛起步。樹立標杆，學習標杆，超越標杆，對於一家有夢想的偉大企業來說，也許只有從煩惱中突圍，乃至鳳凰涅槃、浴火重生，才能真正實現飛天夢想的希望。

世界第一股的股價有多高？是什麼等級？一般老百姓可能都不敢猜。最近，作者的學員講過一個小故事，可以感受一下。這位學員在中國某省會城市的一家銀行做財富管理，整天跟高資產的人群打交道，有一天碰到一個特別恃財自傲的客戶，自以為有幾間房，還有一家小企業，就顯得特別自大。這時，這位學員不動聲色地問了這位客戶兩個問題：簡單地幫你做個測算，世界上有這麼一檔股票，每股高達二十六萬美金，你家的房子能值幾股？你家的企業能值幾手？這位客戶一下就懂了。你想一想，一股二十六萬美金，簡單按七比一的匯率換算，一股就相當於人民幣 182 萬元。這位客戶在中國某省會城市的房子按單價 1.2 萬元／平方米、面積一百二十平方米／套來計算，一套房子 144 萬元，還買不了一股。一手股票（一百股）就是 1.82 億人民幣，這位客戶就心虛了，別說企業帳上沒這麼多錢，就是把所有財產加起來也抵不上一手股票。

故事中的這個「世界第一股」不是傳說，而是真真實實的存在，那就是 BRK.A。BRK 是何方神聖？這裡簡單做個介紹：BRK.A 這檔股票來自美國紐約證券交易所，公司名稱叫伯克希爾・哈撒韋（Berkshire Hathaway），總部位於美國中西部內布拉斯加州（Nebraska，NE）的小城奧馬哈市（Omaha），其在美國所處的位置類似於陝西在中國的位置。也許你對這家公司不熟悉，但你對一個人一定不會陌生，享譽全球的投資大師——沃倫・E. 巴菲特（Warren E. Buffett），沒錯，巴菲特正是 BRK 的掌門人。下面我們用幾組數字來一場巔峰對決：中國第一股對決世界第一股。

股價表現

按照同一時段來對比，2001 年八月二十七日茅台上市時，貴州

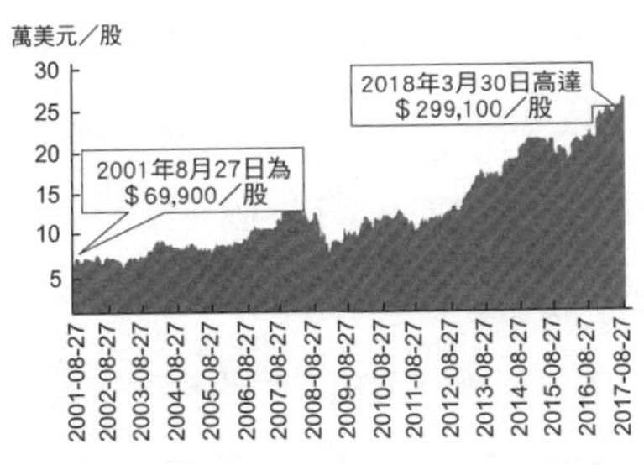

圖 1 世界第一股：BRK.A 的股價走勢圖（2001.08.27～2018.03.30）

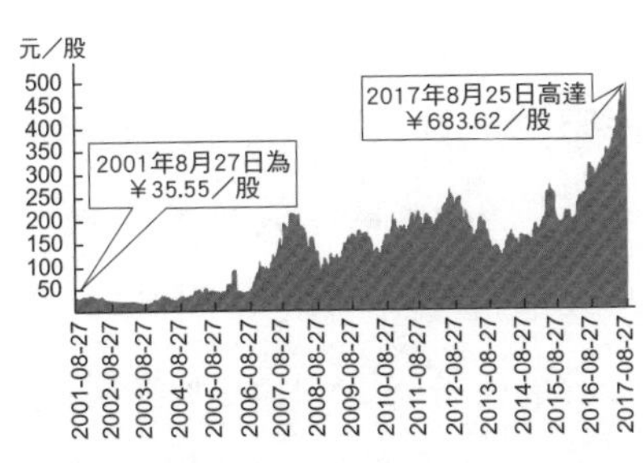

圖 2 中國第一股：貴州茅台的股價走勢圖（2001.08.27～2018.03.30）

茅台的股價為 35.55 元／股，而 BRK.A 已經高達 69,900 美元／股，按當時的匯率（¥8.2773／$）計算，折合人民幣為 578,583.27 元，是貴州茅台的 16,275.20 倍。到 2018 年三月三十日，二者都以驚人的高股價收盤：貴州茅台為人民幣 683.62 元／股，而 BRK.A 則為 299,100 美元／股，折合人民幣為 1,880,771 元（匯率：¥6.2881／$），是貴州茅台的 2,751.19 倍。從增長速度上來看，十六年半間，貴州茅台股價增長了 18.23 倍，年均複合增長率為 19.49%；BRK.A 增長了 3.28 倍，年均複合增長率為 9.15%。但由於 BRK.A 從不分紅，而茅台則分紅甚豐，因此需要對茅台的股價進行複權處理。2018 年三月三十日茅台複權後股價為 4,311.52 元，據此計算，茅台的股價在十六年半裡增長了 120.28 倍，年均複合增長率達 33.51%。

企業規模

按照企業體量來比較，論資產規模，2017 年十二月三十一日，

BRK.A 的總資產為 7,020.95 億美元，貴州茅台為 1,346.10 億元人民幣，折算為同一幣種（匯率：￥6.5342／$，下同），前者是後者的 34.09 倍。論經營規模，2017 年度，BRK.A 的營收總額為 2421.37 億美元，貴州茅台為 610.63 億元人民幣，折算為同一幣種，前者是後者的 25.91 倍。論利潤規模，2017 年度，BRK.A 的淨利潤為 453.53 億美元，貴州茅台為 290.06 億元人民幣，折算為同一幣種，前者是後者的 10.22 倍。作為一家在世界範圍內的巨無霸企業，BRK.A 長期排在世界財富五百強的前十位左右，2017 年位列第八位。2017 年，貴州茅台在中國財富五百強中排名第一百六十六位。

三、探源：現金流密碼

現金流是企業的生命線，猶如血液之於人體，涓涓細流之於江湖。企業運營的邏輯其實就體現在「現金流」這三個字上——「現金」為王，「流」動至上。

流水不腐，戶樞不蠹，企業不想成為死海，必須要有水進，有水出，也就是說，一定要有入口和出口。企業有三大現金流——經營性現金流、融資性現金流和投資性現金流，對於一家持續發展的企業來說，前兩者可歸結為資金的入口，後者可歸結為資金的出口。作為造血功能、輸血功能和生血功能的載體，三者功能各異，缺一不可。當然，經營性現金流是企業最靠譜的資金入口，因為它體現了企業依靠自身業務的「造血」能力，沒有強大的經營性現金流，再少見的獨角獸早晚也會成為死駱駝。融資性現金流是企業資金來源的另外一個入口，體現企業借助外部的輸血功能，但由於外界常常不可控，因而它沒有經營性現金流那麼可靠。資金的出口，主要體現在投資性現金流，對於一家持續經營的企業來說，必須透過持續擴大對外投資，去打造企業未來的生血功能。

下面，我們就按照這一邏輯來剖析貴州茅台和 BRK 的現金流的入口和出口，來理解這兩隻第一股的傲氣，但更重要的是，找到它們之間的差異，進而找到「茅式煩惱」的根源以及未來突圍的路徑。

資金入口：經營性現金流

火車不是用推的。資料告訴我們，貴州茅台和 BRK.A 之所以能成就其中國 A 股第一股、世界第一股的江湖地位，源於它們都有一個共通性：擁有把競爭對手甩出好幾條大街的經營性現金流。兩家企業的經營性現金流具有四個顯著的特徵：正、增、穩、高。

「正」：指的是歷年為正，自身業務創造的現金流年年有餘；

「增」：指的是每年都有增長，一路向上走；

「穩」：指的是現金流較為平穩，沒有大起大落，哪怕是遭遇全球經濟危機或處於行業低谷，經營性現金流儘管難免會受到一些影響，但從幅度上來看，波動非常小，可謂穩如磐石；

「高」：指的是現金流淨額高，以 2016 年為例，貴州茅台的經營性現金流淨額為 374.51 億元人民幣，而 BRK.A 則高達 325.35 億美元。

追根溯源，兩家企業之所以有這麼耀眼的現金流，是因為它們

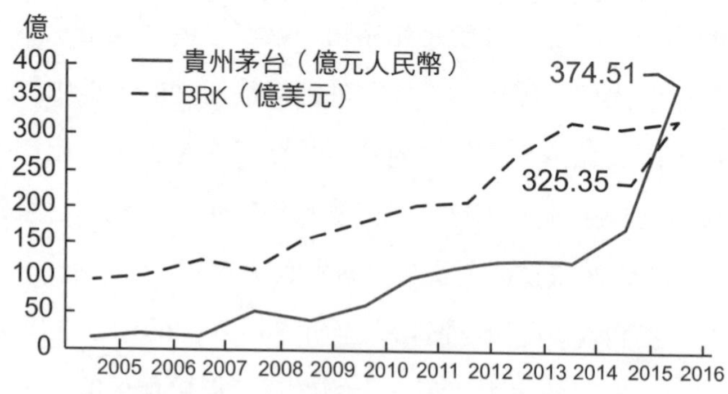

圖 3 經營性現金流：貴州茅台對比 **BRK**（**2005**～**2016** 年）

都有一把屬於自己的兩把刷子：強大、無可替代的主業。

貴州茅台的刷子集中體現為一瓶酒，這瓶酒之所以這麼夯，原因很簡單：不可複製且資源稀缺。由於大家對茅台太熟悉了，就不再贅述。重點說說 BRK。BRK 早期的主營業務以紡織機械為主，1963 年巴菲特控股之後，將其改造為一家以保險為主業的多元化投資公司。憑藉對保險業的良好運營，BRK 公司創造了良好的現金流。

可以看出，茅台和 BRK 的共同點是：都憑藉自身的獨特優勢創造了良好的經營性現金流，構築了令競爭對手難望其項背、強大的現金流入口，第一股的江湖地位名副其實。

進一步，如前所述，兩家公司存在體量上的巨大差異，但如果按照同口徑來比較，無論是剔除資產規模差異，還是剔除營收規模差異，就資金入口」這把刷子而言，貴州茅台甚至比 BRK 更加霸氣。

資金出口：投資性現金流

對比兩家公司投資性現金流的差異，我們可以看出茅台的煩惱所在。2005 年至 2016 年期間，貴州茅台的投資性現金流非常微弱，與強大的資金入口相比，其出口甚至可以不計。

相比之下，BRK 的投資性現金流金額巨大，例如 2016 年淨流出 842.67 億美元，如此巨額的資金從哪裡來？資金來源有三個管道：存量資金（2016 年年初為 717.30 億美元），當年的經營性現金流（325.35 億美元），以及融資性現金流（127.91 億美元）。

貴州茅台與 BRK 在資金出口上截然不同的處理方式，導致完全不同的發展路徑和結局。貴州茅台現金流只進不出的後果，就像一個人，只吃不拉，必然會導致腹脹，甚至臃腫肥胖。結果是，茅台帳上的錢越來越多，2016 年十二月三十一日高達 668.55 億元，現金

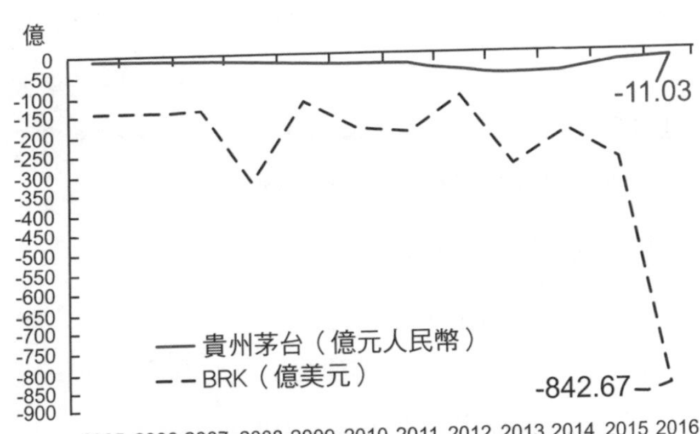

圖 4 投資性現金流：貴州茅台 vs.BRK（2005 ～ 2016 年）

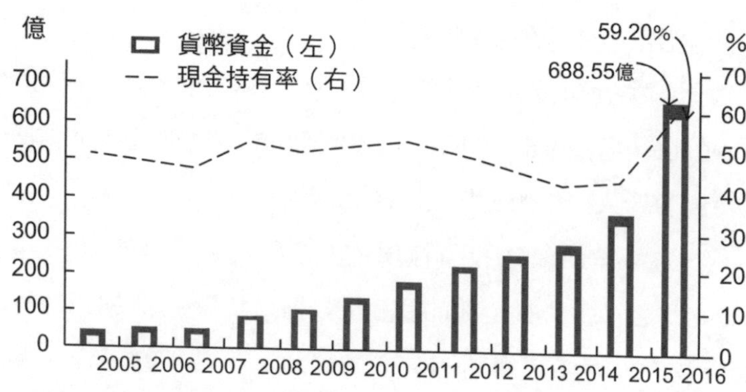

圖 5 貴州茅台：貨幣資金及現金持有率（2005～2016 年）

持有率（貨幣資金占總資產的比重）高達 59.20%，2017 年六月三十日再創新高，貨幣資金為 736.35 億元，現金持有率達 61.17%。貴州茅台是 A 股少有的錢多多。可以預見，照此下去，茅台的帳上可能除了錢，就只有錢了。

從公司金融的角度來看，貴州茅台錢多多這種表面上的美麗，其實是一種哀愁。在企業的所有資產中，貨幣資金是收益率最低的資產，本可以用來賺更多錢的資金卻躺在企業賬上睡大覺，這是另外一種形式上的浪費！事實上，茅台也一直在為這些巨額資金沒有出口而發愁，其帳面資金收益率甚至還不及一年定期存款的收益率。

相比之下，BRK 帳上不會留那麼多現金。為了維持企業正常的運營，帳面資金必不可少，可謂手裡有糧，心裡不慌，但錢一定不是越多越好，這是一種辯證思維，更是 BRK 高超現金流管理的藝術之作。2008 年以來，BRK 的現金持有率長期維持在 12%左右的安

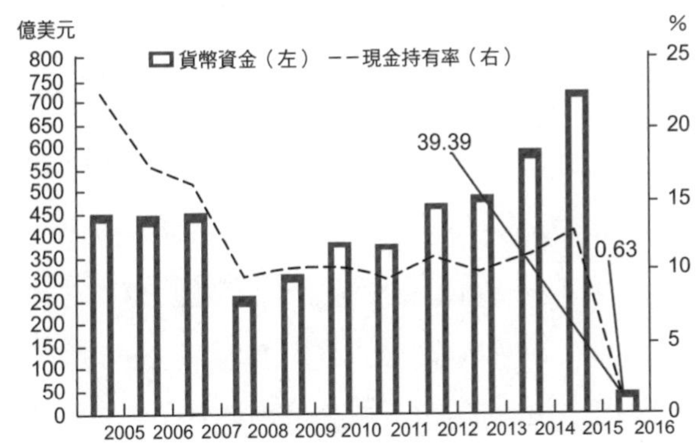

圖 6 BRK：現金及等價物及現金持有率（**200 ～ 2016** 年）

全線，多了的則進行削峰——把富餘的錢拿出來去擴大投資，從而確保為未來儲備更強的生血功能，培育更多的經營性現金流。

融資性現金流：資金入口對比出口？

融資性現金流，作為外部的現金流來源，常常被視為企業平衡資金盈虧的一種途徑。除了 2011 年之外，BRK 每年均從外部獲得正的融資性現金流入，2016 年為了支撐其巨額對外投資，更是淨融資了 127.91 億美元。而貴州茅台，除了 2001 年上市當年獲得 17.85 億元的融資性現金流淨流入之外，每年的融資性現金流均為負數，這些資金主要用來分紅。

透過融資性現金流的數字，我們可以看到企業對兩個重要決策的不同理解：融資與分紅。企業究竟應不應該、需不需要向外界融資，這個問題我們在這裡暫且不予討論，只重點說說分紅。

兩家公司融資性現金流的一正一負，表面上只是一個符號的差異，實質上卻是經營理念的天壤之別。貴州茅台每年給股東巨額分紅，固然能取悅股東，贏得重視股東回報的美譽。但作為世界上最大的鐵公雞，BRK 永不分紅，然而卻贏得了世界的追捧，這又該如何解釋呢？事實上，自 1963 年巴菲特全面掌舵 BRK 之後，BRK 歷史上只分過一次紅——那就是 1967 年，每股只分了可憐的十美分。幾十年之後，面對記者的採訪，聊起這次分紅，巴菲特非常幽默地表示：那是我在洗手間裡做出的決策！言外之意，連那次分紅都不應該分！投資大師的邏輯何解？在巴菲特的邏輯裡，投資者把錢投到我這裡，我就應該給大家創造價值。公司幫股東賺的錢，可以有兩種處理方式：要嘛分給股東，要嘛留在企業中擴大發展。如果公司沒有好的投資機會，就應該把錢分給股東，讓股東自己去幫自己賺更多的錢；相反，如果公司有好的投資機會，則應該透過擴大投資、發展去幫股東賺更多的錢。既然你們投資不如我專業，分給你

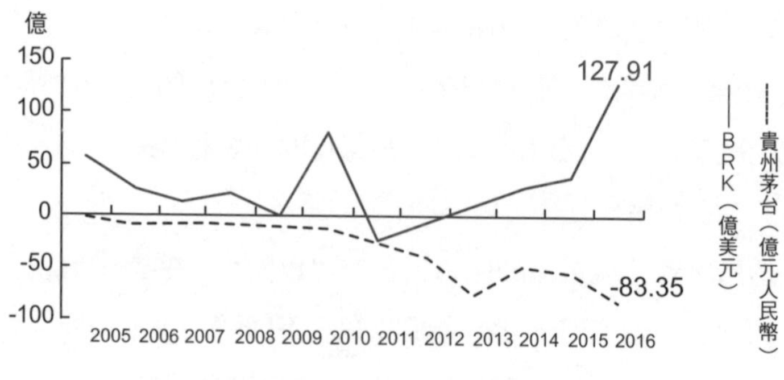

圖 7 融資性現金流：貴州茅台 VS.BRK（2005～2016 年）

們還不如留在我這裡！最終的效果是，公司像雪球一樣越滾越大，造就了每股 270,960 美元（2017 年八月二十二日）天價的神話！

綜合起來看，「茅式煩惱」的根源在於其現金流只有入口，沒有出口，這從根本上限制了貴州茅台的更大發展。他山之石，可以攻錯，即使茅台不想問鼎世界第一股，但 BRK 一手解決錢從哪裡來，另一手解決錢往哪裡去的兩手抓思維，也非常值得茅台深思和借鑒。

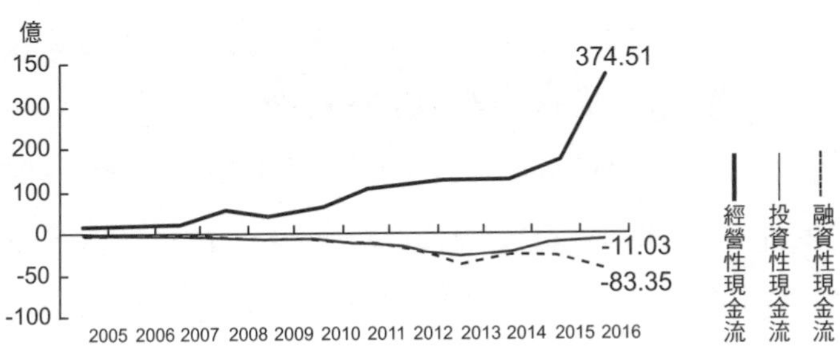

圖 8 貴州茅台的三大現金流（2005 ～ 2016 年）

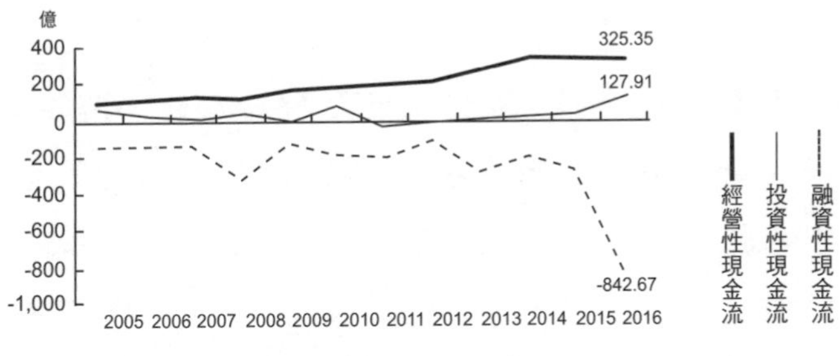

圖 9 BRK 的三大現金流（2005 ～ 2016 年）

四、突圍：貴州茅台飛天路徑

筆者之所以拿茅台與看似高不可攀的世界第一股—— BRK.A 來對標分析，是基於感性和理性兩方面的判斷。感性的判斷是，貴州茅台之所以能在巨頭林立的白酒行業脫穎而出，絕對不僅僅是因為其擁有獨一無二的自然稟賦，可以設想，如果沒有一個有理想、有擔當、有智慧的團隊，再好的自然資源優勢也會被消耗殆盡。理性的判斷是，我看到了茅台是一臺潛力巨大的機器：「機」就是由強大的白酒主業打造的印鈔機，「器」就是由具有世界視野，同時又具在地化的精細化管理顧問團隊建的推進器。

茅台如何突圍，實現自己真正的「飛天」夢想？按照比較優勢原理，茅台唯一的路徑在於豐富產品線，立足貴州，布局全國，把獨一無二的「機、器」優勢充分發揮出來。

從財務的視角來看，也就是構築以白酒業為根基的收益率創造集群。簡單來說，充分發揮品牌優勢，在產品上形成「高端—中端—低端」的全生態產品系，滿足從普通家用宴飲、一般商務活動到高端商務活動的各層次的需求。

高端系產品：普茅系，以 53 度飛天茅台為核心，申請國際奢侈品認證，走高端路線。由於普茅的產能有天花板，不能以量取勝，只能以價取勝，不再控價，完全走市場化路線。在收益率曲線上，向右走，體現為「高利潤，低周轉」。

中端系產品：非茅系，例如現在的系列酒（如茅台迎賓、王子、

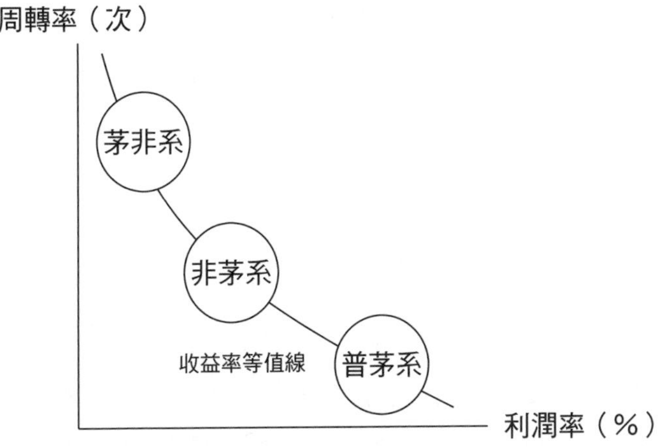

圖 10 貴州茅台「飛天」之路的財務示意圖

漢醬、仁酒等），在收益率曲線上，向中走，體現為「中利潤，中周轉」。

低端系產品：茅非系，併購茅台鎮當地，或者中國其他地區的有潛力的企業，打造系列面向普通消費者的暢銷產品，在收益率曲線上，向左走，體現為「低利潤，高周轉」。

總之，一句話，希望貴州茅台不再為產品滯銷而煩惱，不再為股價衝天而煩惱。

02 紅心皇后競爭中的撥浪者

——知識創造引領茅台傳承創新

胡海波[1]

歷經千秋，穿越百代，起於秦漢，熟於唐宋，精於明清，尊於當代。茅台堅守天人合一的生產方式和工藝流程，不慕古、不留今，從一個偏遠山區的燒酒坊，搖身一變成為譽滿全球的知名酒商。技術革命來襲，紅皇后[2]競爭的行業態勢下，白酒一哥茅台也面臨著巨大的挑戰。

茅台酒的釀造技藝傳承了農耕文明的精髓，醬香突出、優雅細膩、酒體醇厚、空杯留香的特質引無數消費者折腰，為人所稱道的工匠精神保障了茅台的品質，傳承文化和工藝基礎上的創新則有效助推著茅台的成長，而基於其傳承與創新，獨一無二的知識創造模式才是茅台的致勝秘鑰。

---

1 胡海波，江西財經大學工商管理學院副院長、教授、博士生導師，研究領域是創新與戰略管理。

2 童話故事《愛麗絲夢遊仙境》中愛麗絲來到奇幻世界，紅心皇后是該世界裡的一枚棋子，她告訴愛麗絲，在這個國度裡必須不停地奔跑，才能使你保持在原地。進化生物學家范．瓦倫於 1973 年借用紅心皇后頗有禪意的回答，提出紅心皇后假說，恰如其分地描繪了自然界中激烈的生存競爭法則：不進即是倒退，停滯等於滅亡。

一、知識主旋律：傳承與創新

（一）傳承：虛實結合，崇本守道固品牌

1. 實：堅守工藝，以技驚人

茅台在「實」層面的傳承主要表現為工藝和技術兩個方面。工藝層面包括採購、生產工藝（制曲、制酒、勾兌）、技術工藝等。時至今日，茅台仍嚴格遵守茅台酒的傳統釀造工藝，該工藝是充滿智慧的生物工程，是以季節性生產、高溫制曲、高溫堆積、高溫餾酒、長期儲存、精心勾兌為核心的傳統工藝體系，包括端午踩曲、重陽放置原料、七次取酒、八次發酵、九次蒸煮、勾兌存放等諸多環節。

技術層面主要指醬香酒技術標準體系、白酒品質等級劃分、白酒企業分類管理、年份酒鑒定、大麯醬香和麸曲醬香鑒別及產品標註等問題。藝與技的結合，知與行的傳承，讓茅台成為不可替代的百年品牌。

2. 虛：延續文化，以念留人

茅台在「虛」層面的傳承主要指文化，包括從組織層面擴散至個體層面的制酒工匠精神、經營理念、企業文化等。茅台的文化延續主要分為內外兩層，對內主要為針對組織的企業文化認同，和針對員工的制酒工匠精神的繼承與恪守；對外則是針對消費者的企業

文化傳播。透過線上線下相結合的方式，打造立體多元的文化體系和推廣平臺，傳遞企業價值觀、培育忠誠消費者。文化的影響力本身帶有嵌入性，從點到線，輻射成圈，一級一級傳播下去。內外兼施，相輔相成，茅台文化酒的形象越發深入人心。

（二）創新：主動出擊，革故鼎新謀發展

茅台以傳承為基礎的創新，主要表現在現代科技的運用和管理體系的優化。

1. 推陳出新，智慧科技保駕

科技發展與時代進步隨時都在考驗企業的實力，茅台以現代科技為突破點，引入新的工具和手段保證酒品質量，進行戰略創新、商業模式創新、運作創新和價值鏈整合的創新。

2. 步步為「贏」，精細管理護航

茅台的管理體系優化主要表現為精細化管理，這也是其戰略創新的重要組成部分。長期以來，茅台始終堅持「管理固企」戰略，透過精細化管理促進產能、提高效率，促進管理全面升級。不斷創新管理理念和方法，實現管理與品牌同步發展。

二、知識協奏，顯隱齊驅

企業的「知識觀」（KBV）是在企業「資源觀」（RBV）的基礎上建立和發展起來的。然而，就企業的價值而言，企業能否有效運用現有知識，是其獲取競爭優勢的關鍵。波蘭尼（Polanyi，1958）透過「二分法」將企業知識劃分為顯性知識與隱性知識兩類[3]，野中郁次郎和竹內弘高（1995）[4]在此基礎上提出知識創造理論。

顯性知識，即正式的或者可轉換成具體形式的知識，以文檔、公式、合約、流程圖、說明書等形式呈現，沒有個人經驗作為背景，顯性知識很可能是無用的，可能容易複製。隱性知識，即非正式的或者不可轉換成具體形式的知識，與顯性知識相反，是那些從經驗中所得知並相信的東西，可以在員工與顧客的交流中找到它的蹤跡。隱性知識很難被登記編目，高度經驗化，難於形成文檔，並且具有暫時性。它是做出判斷和明智行動的基礎，體現在技術、管理、市場知識等各方面，往往被看作競爭優勢的來源。

（一）顯性知識，科學創造

茅台透過打造集報紙、電臺、圖書、論壇、名人講壇、紀念日、微信公眾號等於一體的「一報兩台三微五刊」媒介宣傳載體將文化固化，包括《茅台酒報》、國酒電視臺、世界名酒高峰論壇、國酒

3 Polanyi M. PersonalKnowledge：TowardsaPostCriticalPhilosophy〔M〕. Chicago：UniversityofChicagoPress，1958：428.

4 NonakaI，TakeuchiH. Theoryoforganizationalknowledgecreation〔J〕. OrganizationScience，1995，5（1）：14 － 37.

茅台名人講壇、《茅台酒百年圖志》等。茅台還制定了系列企業文化管理條例，編印了諸如《員工手冊》、《卓越績效手冊》等。此外，茅台透過每年召開各種例行座談會、勞工代表大會、黨委會、辦公會、企業文化知識競賽、各種藝文表演等，不斷豐富企業文化內涵。同時，茅台在釀造工藝方面實行標準化管理，總結出了十四條工藝操作要點，還制定了相關文本，定期組織培訓，不定期進行考核。

（二）隱性知識，傳承創造

中國白酒釀造工藝歷史悠久，但是傳統工藝存在通病，無法提供詳細和準確的工藝參數，無法透過文字、圖像、聲音等加以傳播，一般酒企都是透過師徒制的形式進行口傳心授。白酒生產工藝完全符合隱性知識的特點：第一，釀酒工藝主體性太強，這類知識只存在於師傅的經驗中，無法透過儀器進行測試，同時這種工藝跟特定的情境有關，材料、天氣等稍有不同就會影響到酒的質感。茅台鎮獨特的氣候特點，為釀酒微生物的形成和繁衍提供了適宜的環境，這種特殊的自然環境成為了茅台發展的有力條件。第二，白酒生產工藝是一種歷史傳統文化，難以具體化和言述，無法進行大規模的傳播，同時又存在一定的偶然性。茅台凝聚了一代又一代釀酒大師的智慧，發明了一套獨特的釀造工藝。每一滴茅台酒，從發酵到出廠，至少需要五年時間，歷經三十道工序、一百六十五個工藝環節。茅台始終堅持「崇本守道，堅守工藝，儲足陳釀，不賣新酒」的品質文化理念，在這個過程中主要依賴釀酒師的經驗，透過手摸、鼻聞、眼見、口嘗等方式來感知細微處的品質差異，比如高溫制曲、高溫蒸餾、高溫堆積時對於溫度的把握，還有基酒的勾兌等，都是依靠人來進行控制的。這種極致的釀酒技藝無法快速領會，往往需要長期的實踐和總結探索。

三、知識創造，價值重組

野中郁次郎和竹內弘高（1995）[5] 指出，企業在「組織的知識創造」（即企業具有的創造新知識、在組織中擴散新知識並將這些新知識融入到產品、服務和系統中的能力）中的技能是關鍵的成功因素。因此，企業面臨的挑戰就是不斷改進創造、傳遞和使用知識的過程。他們認為企業創新活動的過程中隱性知識和顯性知識二者之間相互作用、相互轉化的過程，實際上就是社會化（Socialization）、外在化（Externalization）、組合化（Combination）和內隱化（Internalization）四種相互銜接的基本模式（即 SECI 模型，如圖 11 所示），四種轉化同時還對應原創場、對話場、系統場、實踐場四個場。

社會化即個體之間隱性知識到隱性知識的轉移和共用。隱性知識是最為複雜和關鍵的知識，形成於個體之間對成功經驗的分享。

5　NonakaI，TakeuchiH. Theoryoforganizationalknowledgecreation〔J〕. OrganizationScience，1995，5（1）：14 － 37.

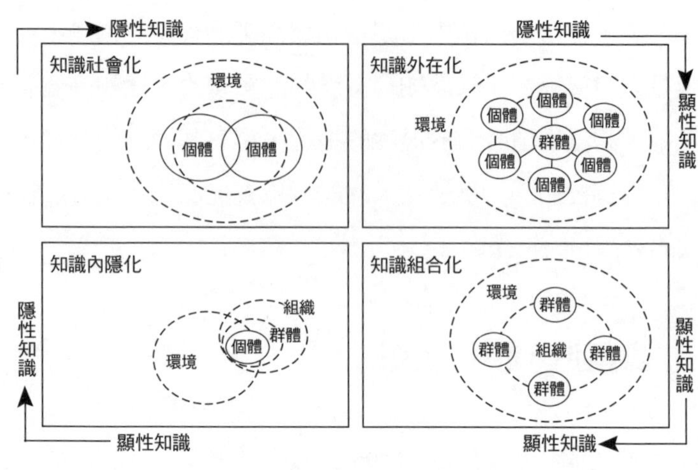

圖 11 轉換關鍵知識的 SECI 模型

社會化階段就是組織內部人員的隱性知識（如研究經驗、研究啟發）轉化並集成為組織的技術經驗和科研能力的過程。

外在化即個體隱性知識到組織顯性知識的轉移。組織的研究人員總結自身的經驗，透過報告、模型展示、備忘錄等方式外化，或通過技術諮詢和技術服務等方式，與組織中的群體成員共用，形成企業人員易理解的顯性知識，傳遞給企業員工。組織的顯性知識的形成是顯而易見的，如部門規章、技術規範等，是感性到理性的過程。

組合化即組織之間顯性知識到顯性知識的轉移。大學和研究機構將顯性知識成果（技術專利、技術調查、技術影音資料、技術說明書、技術文獻、書面報告等），借助會議、技術交易市場等正式網路管道傳遞給企業，企業能較快消化、吸收並加以利用。

內部化即組織顯性知識到個體隱性知識的轉移。大學和研究機構透過培訓和演示將顯性知識轉移給企業員工；企業員工通過正式培訓學習和「做中學」將其消化吸收為自身經驗和「訣竅」，形成特定的個體思維方式。員工透過將組織的規章制度和方法消化為自己的「訣竅」並用於實踐中，以提高整體工作效率。

上述四種知識轉移模式貫穿在茅台的整體發展過程之中，而四種模式對應的原創場、對話場、系統場、實踐場整合為一個新的活力「場」，為知識創造營建優質的環境，利於茅台的傳承與創新。

知識無形，需有實體承載。知識創造離不開價值鏈，企業價值透過價值鏈活動實現，茅台的知識創造亦蘊含於具體的企業活動之中。價值鏈的概念由邁克爾·波特在《競爭優勢》一書首次提出。波特認為，「每一個企業都是在設計、生產、銷售、發送等過程中，

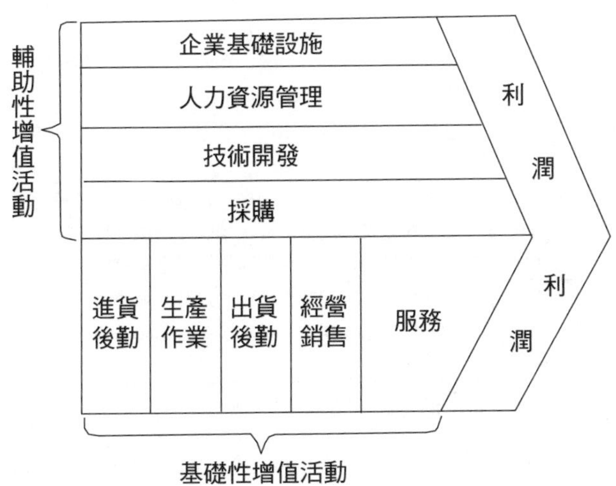

圖 12 企業價值鏈模型

進行種種活動的集合體。所有這些活動可以用一個價值鏈來表明。」價值鏈的增值活動，可以分為基礎性增值活動和輔助性增值活動兩大部分。具體如圖 12 所示。

作為一個百年企業，茅台以白酒產銷為核心，以多層次、多種類企業活動集合成獨具特色的價值鏈作為知識創造的載體，基礎性活動主要分為生產作業、經營銷售及服務，輔助性活動主要分為基礎設施、人力資源及技術開發。具體如表 1 所示。

性質	要素	內容
基礎性活動	生產作業	**1.** 不斷利用現代科學技術對傳統工藝進行改造、繼承、創新、使生產製造更加科學和規範 **2.** 選料研究；高溫制曲；高溫堆積；高溫接酒：生產週期長；茅台酒的生產工藝流程分為制曲與制酒兩道工序
	經營銷售	茅台酒在國內的銷售由公司控股的銷售公司、電商公司和經銷商共同進行。同時，擴建海外經銷商隊伍
	服務	茅台每年透過中國全國經銷商會、供應商大會跟合作夥伴溝通，同時設立一定的獎勵機制，激勵他們。另外，茅台還專門嚴格規範經銷商、供應商以及子公司的銷售行為。嚴格控制假酒、亂定價現象
	基礎設施	茅台下設生產車間、制曲制酒車間、酒體設計中心、溯源防偽技術研發等
	人力資源	釀造發酵、資訊技術、企業管理、市場行銷等方面的優秀人才被紛紛引進公司並鍛煉成長。經過培訓和選拔，被輸送到茅台集團的各個重要崗位。茅台還開設了自己茅台學院
	技術開發	採用先進的奈米技術、色相普分析技術以及微波技術，結合多年來茅台的勾兌方法和規律，創建了茅台酒特殊的勾兌技術平臺

表 1 茅台價值鏈組成要素

茅台的知識創造過程主要是基於自身價值鏈的價值創造。在基

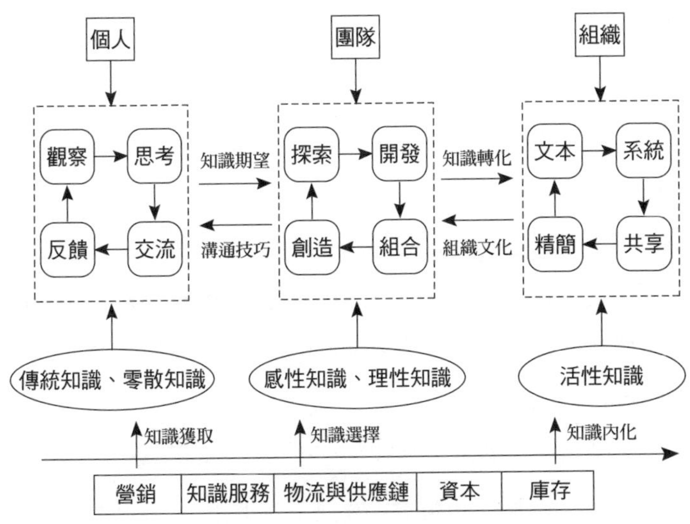

圖 13 茅台知識創造過程

礎性活動和輔助性活動兩者中，知識創造的產生主要在輔助性活動中，並最終依靠基礎性活動實現知識的流動和轉移、內化、擴散。具體如圖 13 所示。

首先，茅台在客戶、合作夥伴之間實現知識獲取的目標，透過資訊回饋以及技術改進，不斷實現茅台酒產品的口味更新以及再定位，同時生產系列酒，強化用戶品牌意識，選擇要生產的新產品並進行研發。其次，茅台透過高層戰略發展方向以及市場形勢研判，在公司高級技術人員的支持下，進行知識選擇和知識創造。在此基礎上，茅台將企業文化、茅台酒文化等理念不斷傳遞給消費者、企業員工、合作夥伴以及客戶，將茅台文化以及相關知識外部化，在後續的行銷、物流以及資本投入等各個環節流動。將個人零散的知識進行個體四階段迴圈後轉化為團隊層面的知識。在溝通技巧和知識期望下形成新的知識並將其具體化和概念化，通過團隊共用輸出給整個價值鏈條。

茅台官方曾表示，知識已成為世界經濟發展的根本動力，由知識創造轉化而成的企業文化對於酒業發展的重要意義日益凸顯，可能孕育中國白酒業質變的全新發展階段。茅台從品牌導向到文化導向的發展過程表現為三個方面。

一是名師高徒，傳承「師徒」文化。

隨著社會生活和文化生態發生變化，現代工業生產方式對傳統工藝帶來了劇烈衝擊，無論是傳統工藝的保存還是工匠精神的傳承，都在當代消費環境中遭遇了極大的挑戰。茅台酒傳統工藝主要通過言傳身教的方式口口相傳、手手相授，通過師徒相傳模式為茅台酒釀造培養人才。隨著茅台酒產能擴大，所需的酒師、班長數量也逐年增加，茅台的發展遭遇了技術人才瓶頸。因此，為擴大產品規模、保證產品品質，2016 年，茅台正式頒布《公司師帶徒管理辦法》等系列規範，大師工作室和專家工作站應運而生，師徒文化的傳承效果將影響茅台的品牌效力。

二是產銷一體，培育協同文化。

2012 年，茅台在行銷管道管理方面因地制宜，對現有的兩千多家專賣店進行專業測評以及綜合考核，根據考核結果，將兩千多家專賣店縮減至兩百多家。現今，茅台每年都召開經銷商聯誼會和供應商會議，老經銷商與茅台已經建立深厚的合作關係，年輕的二代經銷商們亦成為茅台發展新力量。生產方與銷售方對於文化的認知趨同，使得茅台的產銷一體化程度逐漸提升，這也是供應鏈管理創新的基礎。

三是粉絲經濟，創新消費文化。

白酒市場消費者需求發生變化，公務消費市場下降，商務消費、個人消費及休閒消費市場崛起。茅台的消費培育模式也從計劃經濟向市場經濟、粉絲經濟轉變。茅台透過線上媒體和線下活動，等以文化為載體的創新措施，所聚攏的大批茅粉，便是適應消費時代的根本力量，如何啟動茅粉資源，是茅台持續發展極待解決的問題。

四、知識破壁，能力營建

知識創造可以分為新知識、交叉知識和原創知識三種，從知識創造的過程來看，知識創造難以成功的原因主要有人、制度、文化、環境四個方面。具體如圖 14 所示。

茅台進行知識創造的第一個環節是形成創造概念，而創造概念

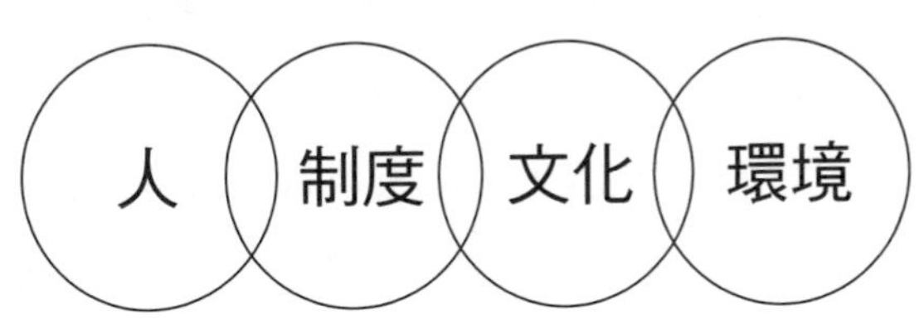

圖 14 知識創造的阻礙因素

來源於主體人，如果成員對於新知識的認知程度不夠，就很難接受新知識的產生。比如，茅台的傳統行銷管道主要是透過經銷商進行的，後來茅台成立電商公司，開始設立線上專賣店，開闢網上賣酒這一行銷管道，從 B2C 轉變為 O2O、C2B 等，起初經銷商很難接受，主觀認為自身利益將受損。後來，經過茅台的溝通和加強宣傳，最終讓經銷商改變了自己傳統的看法，接受了互聯網銷售白酒的新嘗試。

茅台在工藝創新上構建了自己的實驗室並組建了專屬研究團隊，但是由於白酒行業本身存在的知識接受者，與傳播者之間的認知障礙，對於一些隱性知識只能靠悟性，已轉化的顯性知識只提供流程化的操作要點，具體工作仍需在實踐中領悟。

文化能夠調動知識者行動，但此類文化必須可理解、可落實。制定戰略時，企業可透過將願景概念化，創造一種積極的氛圍，這有利於推動知識創造。比如茅台透過設立創客空間和青創聯盟，鼓勵青年員工成為新時代的創客。

基於研究與實踐中對知識創造阻礙因素的認知，茅台對症下藥，傳承創新形成核心能力的一般路徑。具體如圖 15 所示。

企業透過知識創造實現傳承創新的一般路徑，首先基於戰略目標形成演化動因。第一階段，茅台透過與市場主體建立交易型關係，實現產品品質保障並生產投入市場，獲得產品改進和複製的能力，培養內部專業人才並整理技術標準，使其成為制度，此時市場依賴性強，主體之間關係薄弱，容易破裂，第二階段，透過市場深化，茅台與合作方建立情感信任，並且自身通過將顯性知識內部化和隱

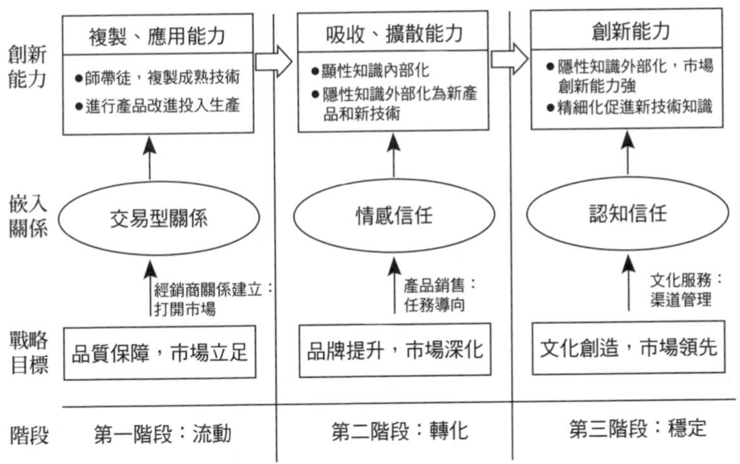

圖 15 茅台傳承創新形成核心能力演化路徑

性知識外部化獲得吸收、擴散能力，讓茅台與供應鏈上企業間的合作關係較強，不易破裂。第三階段，茅台已在市場上占據了明顯的領先地位，透過文化服務引領行業發展，獲得了合作主體認知信任，對方高度認同企業文化並且願意追隨，形成了新知識創造的環境，並反作用於新一輪的知識創造。

五、中國國酒茅台如何順勢起舞

以新一代信息技術為核心的新一輪科技革命已經降臨，新環境下，傳統企業茅台需一手繼承傳統，一手堅持創新，兩者互為條件，互相促進（如圖 16 所示），形成以知識創造為重要作用機制的迴圈

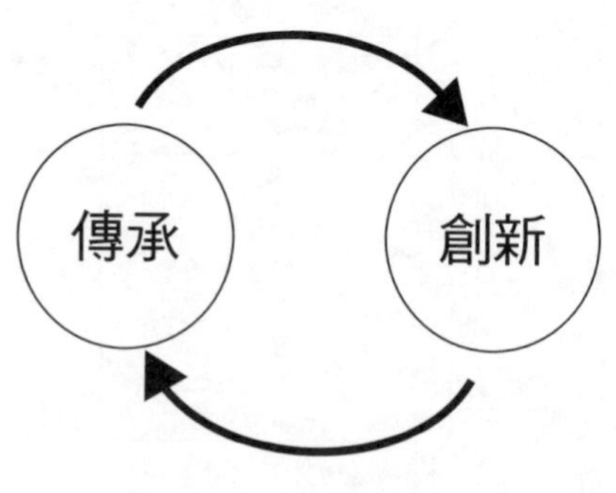

圖 16 傳承與創新循環圖表

螺旋。茅台的知識創造機制的完善主要可以從管理創造和知識管理兩個角度進行。

（一）管理創造，知識傳承

（1）灌輸知識願景；

（2）管理交談；

（3）調動知識行動者的積極性；

（4）創造正確的情境；

（5）將本地的知識全球化。

茅台可以考慮結合資訊技術，從以上五個方面，來創建大資料背景下知識創造的「場」。

（二）知識管理，資源整合

知識創造是知識管理的一個過程，顯性知識和隱性知識在知識學習、知識分享、知識整合能夠構成企業的核心競爭力。因此，茅台應加強內外部資源的整合，加強知識管理的後續環節，致力於創造知識共用的文化財富。

白酒行業的深度調整並未走到盡頭，同行者亦是競爭者，茅台未來還有許多難關。在市場經濟浪潮中歷經摔打、經受考驗的茅台需崇本守道、革故鼎新、勵精圖治，在以傳承和創新為主題的價值活動中實現個人、團隊與組織間的有效知識創造，方能從百年輝煌的歷史走向新的勝利，以「中國國酒」常青之態屹立白酒之巔。

03 茅台鎮、茅台酒的品牌困局

江濡山（產業經濟學家，中國精細化管理研究所特約研究員）

自 2017 年九月中旬以來，貴州茅台股價一路飆漲，每股由五百元上下一口氣漲到 712 元左右。伴隨這一現象的另一景象是：貴州茅台的 53 度飛天茅台酒的價格飆升，市場價達到每瓶一千八百元左右，而且一瓶難求，市場缺貨效應愈演愈烈。與此形成明顯反差的則是，茅台鎮及周邊區域大量積壓的地方醬香型白酒即使以很低的價格也難售出，不少酒商法人代表因債台高築欲哭無淚。於是，民間有這樣的戲言：茅台酒瘋了，茅台鎮哭了。眾所周知，以貴州省仁懷市茅台鎮為中心的赤水河流域，是世界三大著名蒸餾酒之一的醬香型白酒的原產地。中國改革開放以來，特別是近十多年來，當地醬香型白酒釀造企業曾一度多達一千多家，2010 年前後曾出現全民投資釀酒的現象，現在存活並初具規模的企業仍有一百多家。但是，自 2013 年開始，這裡的醬香型白酒產業出現了極度萎縮的局面：地方中小酒商的產品全線積壓，價格大幅縮水。有人懷疑醬香型白酒市場向好的趨勢已經終結，不少商家開始低價處理陳年老酒。

但是，自 2016 年年中開始，醬香型白酒市場消費需求趨暖，茅台集團的主打產品 53 度飛天茅台酒的價格開始明顯回升，一直發展到目前的瘋漲局面。然而，令人大惑不解的是，雖然貴州茅台酒市場大幅回升，但茅台鎮及周邊地區的白酒價格，及出貨量仍然處於低迷狀態。對此，很多人認為：最主要問題在於當地醬香型白酒的產品品質參差不齊，市場行銷混亂，令消費者失去信任感。不過，這只是其中一個原因，更深層的原因則在於茅台鎮醬香型白酒的原產地文化，及區域品牌與市場產生了明顯的錯位，而茅台酒獨特的產品品牌在很大程度上又綁架了茅台鎮。這是一種典型的區域品牌與產品品牌錯位、原產地文化與企業文化產生利益衝突的表現。

綜上所述，如果要讓貴州茅台集團更加強大，讓茅台鎮白酒產區的地方酒商公平參與競爭並迅速完成市場化的優勝劣汰，最終使仁懷市整個白酒產業迅速壯大，就必須深入研究，破解茅台鎮與茅台酒背後的品牌、文化及利益衝突。

一、品牌文化梳理

1. 何謂貴州省仁懷市茅台鎮的「區域品牌」與「產品品牌」？
從經濟價值的角度來講，「區域品牌」是指某類品質特別的產品出產於特別的地方，這個特別的地方及地名，就構成了「區域品牌」，區域品牌屬於原產地文化範疇，區域品牌的所有權及受益權歸屬於區域的地方民眾、駐地企業及機構。比如：中國因出產優質大閘蟹聞名的陽澄湖、因出產高品質大米而聞名的黑龍江五常市、因明朝墓葬群而出名的北京昌平十三陵鎮。因此，茅台鎮因出產優質醬香型白酒，已經構成了商業價值極高的區域品牌，本地區的所有企業、機構和個人都有權享有並愛護這個品牌。

而產品品牌是指某個企業的某個獨特的產品標識。比如：全聚德烤鴨、中華牌香煙、牛欄山二鍋頭、飛天 53 度茅台酒。仁懷市茅台鎮醬香型白酒產區範圍內，有許許多多合法註冊的產品品牌，但是，貴州茅台集團統稱的貴州茅台酒、飛天 53 度茅台酒，產品品牌價值極高，遠不是其他同類產品能夠比肩的。

2. 何謂茅台？何謂茅台鎮？

「茅台」本應是茅台鎮地名的簡稱，但現在演變為地名和醬香型白酒品牌名的混合體，由於廣大消費者對茅台鎮的地域資訊認知有限，只要提起茅台，多數人認為特指「茅台酒」。其實，如果地名因某種商業活動的傳播而擴大了認知度和影響力，那麼該地域就融入了相應的商業價值。

「茅台鎮」顯然是地名，從行政區劃來看，特指貴州省遵義市轄區的仁懷市茅台鎮；從市場角度來看，「茅台鎮」已經具有了典型的區域品牌價值，在很大程度上融入了茅台酒的韻味。因此，茅台鎮一詞，所有本地的企業、單位和個人均可使用。

3. 何謂茅台酒？何謂貴州茅台酒？

「茅台酒」本應是指茅台鎮地域範圍內釀造的酒，但由於一些特殊原因，茅台酒在很大程度上，特指貴州茅台集團釀造的醬香白酒，而很多情況下，仁懷市地方民眾認為它也包含本地其他地方酒商釀制的醬香型白酒。由於貴州茅台集團對茅台酒申請了智慧財產權保護，因此狹義來說，仁懷市其他地方酒企不得使用「茅台酒」三個字從事產品命名，及商業行銷活動。因此，貴州茅台酒具有強勢的排他性，是專屬於貴州茅台集團獨有的產品品牌。

從商業角度綜述如下：茅台鎮屬於區域品牌，承載著貴州省仁懷市醬香型白酒的原產地文化，因此仁懷市茅台鎮醬香型白酒主產區的所有企業、機構及個人的商業活動均可使用。

茅台酒屬於以原產地地名命名的酒，按理說原產地區域任何酒商，均可用於稱謂其合法生產的合格酒產品，但貴州茅台集團申請了合法的知識產權保護，不允許其他酒商使用。

貴州茅台酒屬於貴州茅台集團專屬品牌，並具有長期使用權，因此非茅台集團的任何企業、機構及個人均不得使用。

二、貴州茅台集團與地方力量的困局與衝突

1. 雙方的困局

貴州茅台集團的困局：雖然產品供不應求、價格居高不下，但是短期內產能規模很有限。一方面，特殊的空間地理環境決定了貴州茅台集團在茅台鎮特定地域擴建選址的空間局限非常大；另一方面，即便選址成功，加快建設進度，並且形成品質合格的產能，還需要五年的陳釀期，這意味著短期內很難擴大產能，而五六年後的

市場狀況很難預料。

地方酒商的困境：四大因素導致一些地方釀酒企業，及個人越來越嚴重地陷入惡性循環：產品品質參差不齊、缺乏有價值的品牌、缺乏穩定的銷售管道、缺乏有誠信的市場拓展及專業化行銷。

雙方的利益衝突：客觀來看，自改革開放以來，在政府的大力支持和茅台鎮民眾的積極擁戴下，貴州茅台集團把醬香型白酒推向了世界，成為唯一被譽為「中國國酒」的白酒產品。沒有茅台集團的迅速崛起，就沒有茅台鎮的盛名遠揚，就沒有醬香型白酒日益龐大的市場份額，更沒有仁懷市及茅台鎮經濟社會的迅速發展。但是，貴州茅台集團只是茅台鎮的駐地企業之一，有地方文化遺產烙印的醬香型白酒，地方民眾也有釀造權，於是快速發展起來的地方釀酒企業遍地開花。但一旦好酒和劣酒魚龍混雜，必將大大擾亂市場。

因此，雖然仁懷市很多優秀企業正在競爭中不斷成長起來，但成長空間因為「茅台」、「茅台酒」、「茅台鎮」的品牌錯位而遭遇天花板，這顯然激發了一種非公平競爭的利益衝突。過去十多年來，雙方多次陷入「歷史糾葛、品牌錯位和利益衝突」的反覆較量中。

三、打破困局、實現雙贏的策略

任何事物的發展演進，最終都要遵循自然規律。在當今全球化、網路化的大背景、大趨勢下，一個流行的競爭現象是：不是你把別人吃掉，就是你被別人吃掉。然而，對貴州茅台集團和地方酒商而言，這一結論未必適用，因為他們各方都以實現雙贏為目的。

首先，從產品特性來講，仁懷市茅台鎮產區的醬香白酒在原材料、生產工藝、酒品成分及口感上並沒有多大差異，主要差距體現在作業標準、勾調技術、規模釀制過程管理。這三方面的差距，決定了貴州茅台集團可以揚長避短，專注於釀造過程的技術水準、窖藏及勾調標準、資本、市場管控、渠道等優勢，整合地方主要釀造企業，以實現低成本的產能擴張。

其次，地方政府應加強原產地產品保護研究，並透過行政管控策略強化標準化生產作業，借力市場競爭，淘汰低質落後產能，然後強力扶持地方產品品牌。

再次，精心運籌謀劃、面向未來布局。地方政府及民眾要加大力度面向海內外加強「貴州茅台鎮」這一區域品牌，唯有區域品牌強大，才能帶動區域產品擴大市場半徑，並以此大膽拓寬地方酒商的銷售管道。

最後，地方政府與貴州茅台集團應形成合力，坦誠以對，共同探討茅台鎮原產地醬香型白酒的綜合市場定位、不同層次產品的市場定位，確定好不同的角色定位及職責，然後共同謀劃布局海內外的行銷管道及物流體系，並與市場現有的協力廠商管道通力合作，實現共贏，把整個茅台鎮的茅台酒大規模布局到海內外。

最終獲得勝利的標誌，不是少數人手捧一杯高價酒得意洋洋、津津樂道，而是全世界更廣泛的消費者自掏腰包，醉美茅台。

參考文獻

1. 中國貴州茅台酒廠有限責任公司史志編纂委員會，中國貴州茅台酒廠有限責任公司志。北京：方志出版社，2011。
2. 中國貴州茅台酒廠有限責任公司，茅台酒百年圖志（1915～2015）。北京：中央文獻出版社，2016。
3. 季克良，我與茅台五十年。貴陽：貴州人民出版社，2016。
4. 中國貴州茅台酒廠有限責任公司，國酒茅台五十春〔M〕。北京：中國輕工業年鑒社，2003。
5. 康明中，貴州茅台酒廠。北京：當代中國出版社，1995。
6. 舒淳，大國酒魂。北京：中央文獻出版社，2011。
7. 羅仕湘、姚輝，百年茅台。北京：中國文史出版社，2015。
8. 楊忠明、盧啟倫，國酒茅台的輝煌。北京：中國輕工業出版社，1999。
9. 蔣子龍，茅台故事 365 天。北京：作家出版社，2009。
10. 人民文學雜誌社，風雅國酒之縱論茅台。北京：昆侖出版社，2008。
11. 中國貴州茅台酒廠有限責任公司，國酒茅台醇香之旅。貴陽：貴州人民出版社，2016。
12. 鄒開良，國酒心。北京：人民出版社，2006。
13. 湯銘新，國酒茅台譽滿全球。海口：南海出版公司，2006。
14. 李發模，國酒魂。上海：東方出版中心，2011。

15. 趙晨，茅台酒收藏投資指南。南昌：江西科學技術出版社，2014。
16. 胡騰，茅台為什麼這麼牛。貴陽：貴州人民出版社，2011。
17. 安德魯・卡卡巴德斯，茅台酒裡的智慧。劉霞譯，上海：上海遠東出版社，2012。
18. 曾慶雙・中國白酒文化。重慶：重慶大學出版社，2013。
19. 木空・中國人的酒文化。北京：中國法制出版社，2015。

股王的下一個百年

從中國名酒看茅台集團的經營之道

作　　者　汪中求

發 行 人　林敬彬
主　　編　楊安瑜
編　　輯　何亞樵
內頁編排　李偉涵
封面設計　蔡致傑
編輯協力　陳于雯、林裕強

出　　版　大都會文化事業有限公司
發　　行　大都會文化事業有限公司
11051 台北市信義區基隆路一段 432 號 4 樓之 9
讀者服務專線：（02）27235216
讀者服務傳真：（02）27235220
電子郵件信箱：metro@ms21.hinet.net
網　　　址：www.metrobook.com.tw

郵政劃撥　14050529 大都會文化事業有限公司
出版日期　2019 年 05 月初版一刷
定　　價　350 元
I S B N　978-986-97111-0-4
書　　號　Success-093

Metropolitan Culture Enterprise Co., Ltd
4F-9, Double Hero Bldg., 432, Keelung Rd., Sec. 1, Taipei 11051, Taiwan
Tel:+886-2-2723-5216　Fax:+886-2-2723-5220
Web-site:www.metrobook.com.tw　E-mail:metro@ms21.hinet.net

國家圖書館出版品預行編目 (CIP) 資料

股王的下一個百年：從中國名酒看茅台集團的經營之道 / 汪中求著 -- 初版 -- 臺北市：大都會文化
2019.05；320 面；14.8 × 21 公分 --(Success；093)
ISBN 978-986-97111-0-4(平裝)

1. 中國酒業　2. 品牌經營

481.7　107020001

大都會文化

大都會文化　讀者服務卡

書名：股王的下一個百年：從中國名酒看茅台集團的經營之道
謝謝您選擇了這本書！期待您的支持與建議，讓我們能有更多聯繫與互動的機會。

A. 您在何時購得本書：______年______月______日
B. 您在何處購得本書：___________書店，位於___________（市、縣）
C. 您從哪裡得知本書的消息：
1. □書店　2. □報章雜誌　3. □電台活動　4. □網路資訊
5. □書籤宣傳品等　6. □親友介紹　7. □書評　8. □其他
D. 您購買本書的動機：（可複選）
1. □對主題或內容感興趣　2. □工作需要　3. □生活需要
4. □自我進修　5. □內容為流行熱門話題　6. □其他
E. 您最喜歡本書的：（可複選）
1. □內容題材　2. □字體大小　3. □翻譯文筆　4. □封面　5. □編排方式　6. □其他
F. 您認為本書的封面：1. □非常出色　2. □普通　3. □毫不起眼　4. □其他
G. 您認為本書的編排：1. □非常出色　2. □普通　3. □毫不起眼　4. □其他
H. 您通常以哪些方式購書：（可複選）
1. □逛書店　2. □書展　3. □劃撥郵購　4. □團體訂購　5. □網路購書　6. □其他
I. 您希望我們出版哪類書籍：（可複選）
1. □旅遊　2. □流行文化　3. □生活休閒　4. □美容保養　5. □散文小品
6. □科學新知　7. □藝術音樂　8. □致富理財　9. □工商企管　10. □科幻推理
11. □史地類　12. □勵志傳記　13. □電影小說　14. □語言學習（_____語）
15. □幽默諧趣　16. □其他
J. 您對本書（系）的建議：
____
K. 您對本出版社的建議：
____

讀者小檔案

姓名：______________ 性別：□男　□女　生日：____年____月____日
年齡：□ 20 歲以下 □ 21 ～ 30 歲 □ 31 ～ 40 歲 □ 41 ～ 50 歲 □ 51 歲以上
職業：1. □學生 2. □軍公教 3. □大眾傳播 4. □服務業 5. □金融業 6. □製造業
7. □資訊業 8. □自由業 9. □家管 10. □退休 11. □其他
學歷：□國小或以下 □國中 □高中／高職 □大學／大專 □研究所以上
通訊地址：_______________________________________
電話：（H）______________（O）______________ 傳真：______________
行動電話：_________________ E-Mail：_________________________
◎謝謝您購買本書，也歡迎您加入我們的會員，請上大都會文化網站 www.metrobook.com.tw 登錄您的資料。您將不定期收到最新圖書優惠資訊和電子報。

股王的下一個百年

從中國名酒看茅台集團的經營之道

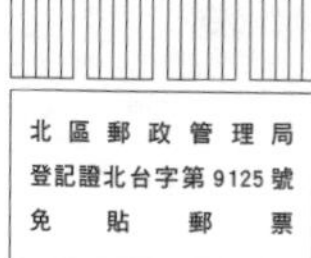

北區郵政管理局
登記證北台字第9125號
免貼郵票

大都會文化事業有限公司

讀者服務部 收

11051 臺北市基隆路一段432號4樓之9

寄回這張服務卡〔免貼郵票〕
您可以：
◎不定期收到最新出版訊息
◎參加各項回饋優惠活動

大都會文化
METROPOLITAN CULTURE

大都會文化
METROPOLITAN CULTURE

大都會文化
METROPOLITAN CULTURE

大都會文化
METROPOLITAN CULTURE